诞生 数学的

数学序说

〔日〕吉田洋一 赤 摄也 ◎ 著

钟成凤 ◎ 译

人民邮电出版社

北 京

图书在版编目（CIP）数据

数学的诞生 /(日) 吉田洋一,(日) 赤摄也著；钟成凤译. -- 北京：人民邮电出版社,2025.9
ISBN 978-7-115-63605-8

I.① 数… II.① 吉… ② 赤… ③ 钟… III.① 数学—青少年读物 IV.① O1-49

中国国家版本馆 CIP 数据核字(2024)第 018676 号

版 权 声 明

◆ 著　　　　[日]吉田洋一
　　　　　　[日]赤摄也
　　译　　　钟成凤
　　责任编辑　张天怡
　　责任印制　陈 犇

◆ 人民邮电出版社出版发行　　北京市丰台区成寿寺路 11 号
　　邮编　100164　电子邮件　315@ptpress.com.cn
　　网址　https://www.ptpress.com.cn
　　涿州市京南印刷厂印刷

◆ 开本：690×970　1/16
　　印张：15　　　　　　　　　　　2025 年 9 月第 1 版
　　字数：249 千字　　　　　　　　2025 年 9 月河北第 1 次印刷
　　著作权合同登记号　图字：01-2020-6513 号

定价：65.00 元

读者服务热线：(010)81055410　印装质量热线：(010)81055316
反盗版热线：(010)81055315

内容提要

很多人对数学望而却步，觉得它满是复杂的公式与烦琐的运算，既枯燥又难懂。但实际上，数学是打开世界奥秘之门的钥匙——从日常购物中的精打细算，到科技前沿的突破创新，它的身影无处不在。提升数学素养，能赋予我们更敏锐的思维与更强大的解决问题的能力。

本书致力于打破数学的高门槛，以通俗易懂的语言，将复杂的数学知识抽丝剥茧般地呈现出来：从古老数学理论的起源，到现代数学体系的逐步完善，细致梳理数学理论的发展脉络。无论你是想在生活中理性决策，还是对数学发展满怀好奇，都能从中汲取养分，实现数学素养的提升。

序

本书被筑摩书房收入了文库系列。借此机会，我们想和大家说几句。

我们写作本书的目的是用通俗易懂的语言介绍数学是什么样的，让普通读者也能轻松读懂。然而，在普通读者中，不乏声称"非常讨厌数学"或者"光是听到'数学'二字就感到不舒服"的人。但是，细问其缘故，除了"数学很难""感觉数学冷冰冰的"等稍微有点儿"正式"的理由之外，也有非常多的人给出的理由和数学基本上没有什么关系，比如"高中时期的数学老师很讨厌""有过明明只有一处计算出错就被打了 0 分的经历"等。这真令人感到无比遗憾。因为无论理由是什么，那些讨厌数学的人在不知道何谓数学的情况下就"擅自厌恶数学"。

象棋和围棋的规则是非常严苛的，然而，有很多人能够记住它们的规则，并且一有空就下棋来享受比赛的乐趣。了解"数独"这种益智游戏的人应该有很多，数独虽然是一种和数学关系非常近的游戏，但是哪里都有人喜欢它。它也是一种遵从规则的游戏，非常有趣，以至于成年人即使是消磨一天的时间去玩也不觉得浪费时间。如果说数学是一种游戏，可能有的数学家听了会生气。这大概就好比对一名棋手来说，围棋和象棋根本就不是游戏一样。

我们写作本书的目的不是培养更多的数学家，而是想要说明，即便是数学领域的"门外汉"，也能够享受数学所带来的乐趣。当然，如果有读者阅读本书之后立志成为数学家，那么我们将喜出望外。

本书能够被收入文库系列实属幸运。无论如何，希望诸位读者一边阅读本书一边享受乐趣。另外，在本书文库化之际，我们向筑摩书房及编辑部的海老原勇先生致以衷心的感谢，也非常感谢多年来对本书的旧版出版给予帮助的培风馆。

2013 年 3 月

修订版前言

本次修订对全书进行了重新排版。因为本书自问世以来，至今已有 7 年时间，承蒙众多读者的喜爱，已重印 12 次，纸质模板已经不能再用了。

本来考虑借此机会，对本书进行全面修订，然而我们因时间关系只能进行部分修订。举一个主要修订之处的例子，比如第九章的"证明的结构"部分，修订之后，新版比旧版更加通俗易懂。另外，为了让本书成为一本体例规范、对读者来说方便阅读的读物，我们在其他地方做出了很多努力，比如版式的优化、封面的全新创意、人物肖像的插入、插图的重新绘制等。

在本书修订之际，请允许我们衷心地感谢各位读者在此之前给予我们的有益忠告，以及帮助我们指出书中的文字错误；另外，向对本书修订版的装帧设计等方面给予帮助的培风馆的相关人士表示感谢。

1961 年 7 月

前　言

　　我们写作本书的意图首先是将其作为大学数学基础教育的读物；其次是用简单易懂的语言，为普通读者介绍"作为基础素养的数学知识"。

　　我们在本书中介绍"作为基础素养的数学知识"的目的是解释清楚作为一门学问的数学的方法、基本思维，让任何人都容易理解，并且能够掌握。含有这层意思的"作为基础素养的数学知识"当然必须和过去学校里一般教授的"作为技术的数学知识"加以区分。当过于重视计算等数学的其他技术要素时，读者就会一味苦于学习这些技术要素，而我们甚至无法奢望他们能够掌握数学的方法、拥有数学的思想。

　　话说回来，完全忽视计算及其他技术要素去谈数学是不可能的，本书将极力减少这样的内容。本书的叙述追求简洁明快，但与此同时，本书也偶尔会不厌其烦地尝试添加详细到让人觉得冗长的说明。阅读数学类图书时，通常会要求身边放着纸和笔。但是，我们认为阅读本书时基本上是不需要纸和笔的。

　　另外，本书尝试明确数学自身问题的由来，并说明为了解决这些问题，用了什么方法。因此，本书的叙述多少会带有一些历史色彩。话虽如此，但这并不意味着本书采用的是以年代为线索编排的编年体格式。重要的是，本书的意旨在于，通过考证数学发展轨迹的方式，明确现如今数学这一学科的谱系。

　　由于遵从上述立场，与其他面向一般大众、最多只是停留在介绍 19 世纪初数学知识的数学类图书不同，本书做到了将接近现代数学最前沿的部分变成即使是非数学专业人士都非常容易接受和理解的内容。换言之，本书是一本把数学方面的现代素养传递给普通读者的图书。

　　阅读本书，除了需要初中和高中学习的初级数学知识以外，不需要其他数学方面的预备知识。因为除了最后几章之外，本书所涉及的数学知识大多和高中数学的一样，所以，我们认为，对高中生来说，如果想要深入理解当前所学习的数学，本书不失为一个非常好的选择。

实话实说，写作本书之时，我们心中所想的不限于目标读者。我们相信，对志在专攻数学的学生而言，阅读本书也绝对不是做无用之功。仅凭一己之力专门研究数学，成为数学研究者，这毫无疑问是为了理解数学所应该采取的最佳方法之一。然而，此路异常艰险，可以说走在这条路上的人，动辄陷入"只见树木，不见森林"的困境。本书阐释了数学是什么，形式浅显易懂。我们认为，本书对数学研究者来说，也算得上是"良师益友"。

写作本书的动机始于其中一位作者赤摄也在立教大学文学部讲授数学时所作的讲义。另一位作者吉田洋一反复阅读讲义后，加以各种各样的评价，赤摄也参考了这些评价，重新起稿，创作出一版与之前相比面目全新的书稿。随后吉田洋一再次对新的书稿进行评价并且提出意见，赤摄也根据这些评价和意见，再次从头开始写一份书稿。于是，经过两次改写后，吉田洋一又对第三版书稿进行修改，随后形成本书。经过上述创作，在本书内容方面，两位作者所负责任相等，故在此记录。

此外，关于本书出版事宜，承蒙培风馆野原博先生怀着满腔热情给予多方关照，在此表示感谢。

1953 年 12 月

目录

CONTENTS

希腊字母

大写字母	小写字母	字母名称	大写字母	小写字母	字母名称
A	α	alpha	N	ν	nu
B	β	beta	Ξ	ξ	xi
Γ	γ	gamma	O	o	omicron
Δ	δ	delta	Π	π	pi
E	ε	epsilon	P	ρ	rho
Z	ζ	zeta	Σ	σ, ς	sigma
H	η	eta	T	τ	tau
Θ	θ	theta	Y	υ	upsilon
I	ι	iota	Φ	φ	phi
K	κ	kappa	X	χ	chi
Λ	λ	lambda	Ψ	ψ	psi
M	μ	mu	Ω	ω	omega

第一章

几何学精神——帕斯卡与欧几里得

帕斯卡的"说服的艺术"

让别人认可自己的意见通常是一件非常难的事情，特别是当对方的意见与自己的意见水火不容时，说服对方几乎是一件不可能的事情。

在这个世界上，有的人擅长说服他人，他们能够提出看似对方无论如何都不可能赞成的观点，然后在不知不觉中把对方说服。他们的秘诀是什么呢？虽然无法断言，但是据说"擅长说服他人"这一能力是看天赋的。如果确实如此，那么天生不擅长说服他人之辈岂不是不得不放弃说服他人？当然不是，即使"擅长说服他人"这一能力是看天赋的，也不可能存在就算一个人再怎么努力提高这方面的能力也没有一点进步的情况。

著名的帕斯卡（图1.1）（1623—1662）作《论几何学精神和

说服的艺术》一文，在其中的第二部分"说服的艺术"中对此进行了回答。帕斯卡认为，说服他人有两种方法：一种是坚持说理，争辩到底，驳倒对方；另一种是采用对方喜欢的说话方式。他在"说服的艺术"中详细说明了第一种方法，而之所以不说明第二种方法，他解释道，因为他本人也不会。

图 1.1

采用对方喜欢的方式说话是一件非常难的事，这一点自然不必帕斯卡来告诉我们。更别说，提起帕斯卡，大家都知道他说的话可以轻易"侵入他人灵魂"，他随随便便就可以口吐金句，为大众所喜闻乐见。连他都不会的方法，就不可能是当前要讨论的了。只要看了他关于第一种方法的阐述，你就会认为，只要努力，谁都能说服他人。他认为在说服他人时有如下 3 种规则要遵守。

关于定义的规则如下。

（1）若一个术语已经非常明确，则不必定义该术语。

（2）若一个术语有任何一点不明确或者模糊的地方，则必须定义该术语。

（3）定义术语时，必须使用完全为人所熟知的词汇或者已经被解释清楚的词汇。

关于公理的规则如下。

（1）必须引用的公理无论多么清晰、明确，也绝对不能不斟酌其是否被认可就直接使用。

（2）只有当一个命题本身可以得到完全明确的证明时，该命题才可以作为公理来假定。

关于论证的规则如下。

（1）若一个命题显然是明晰的，则不必去论证该命题。

（2）证明命题时，必须完全证明所有方面，不得存在任何一处不清晰的地方。并且，在证明时，只能使用已经得到非常明确证明的公理，或者已经得到广泛承认的且已经得到证明的命题。

（3）通过定义所限定的术语，其内涵或外延可能存在不明确之处。为避免因这种不明确性导致判断错误，必须时常用定义的具体内容去替换被定义的术语，以此来验证和确认判断的准确性。

以上 3 种规则非常容易理解。但是以防万一，这里还是进行一些简单的解释。所谓定义，其实就是"决定术语的意思"，这个词的希腊语本意是"边界"

或者"边界标志"。自柏拉图（公元前427—前347）、亚里士多德（公元前384—前322）以后，其含义变为"术语正确意思的限定"。

想要说服他人，首先术语不能被对方理解成各种各样其他的意思。因此，必须事先明确告诉对方，这个术语表示某个特定的意思，不表示其他的意思。因此，关于定义的规则被帕斯卡排在第一位。但是，要定义所有的术语几乎是不可能的。因为，定义术语时会用到其他新的术语，而新的术语也必须得定义。这样一来，需要定义的术语无穷无尽。好在一般来说，如果重复上述操作，最终会遇到根本不需要说明就已经非常明确的术语。对于这种术语，我们就选择不去定义它，而是直接让对方接受、认可它，这就是关于定义的规则的主旨。

命题的问题其实和定义的问题是完全一样的。因为要说服对方，所以必须和对方一起确认这一过程中出现的所有命题是否正确。然而，要想论证所有的命题，形成论证基础的命题则也必须经过论证。这样一来，论证无穷无尽。然而，实际上，就像定义的操作一样，追溯一个又一个命题去论证，最终一定会遇到简单到不需要论证的非常明确的命题。在这种情况下，我们就可以不去论证，而是直接让对方接受、认可它。我们把这种非常明确的命题叫作公理。

关于论证的规则，则没有什么需要补充。规则中出现的"证明"一词指的是以某命题为基础，经过推论，断定其他命题是正确的这一操作。

帕斯卡的以上阐述，即使对于身处现代的我们来说，依然具有重要的意义。不过说句题外话，要做到这些当然是非常困难的。但是，这种说服方法本身应该是可以让所有人都明白的，这恐怕也是最优解。虽然会遇到困难，但这种方法是可行的。

帕斯卡的"说服的艺术"是他的论文《论几何学精神和说服的艺术》的第二部分，第一部分为"论几何学证明的方法"。帕斯卡在"论几何学证明的方法"中提到：上述方法同时是面对真理时，证明其为真理的最理想的方法。对帕斯卡来说，第一部分和第二部分并非完全不同的作品，帕斯卡在该论文中多次强调，这两部分的区别仅仅在于写法不同而已。总而言之，采用以上3种规则，大概就是让对方接受真理最有效的方法。该论文也阐明了帕斯卡对与此相关问题的思索"轨迹"。

几何学精神

帕斯卡称，那3种让对方接受真理的规则并非他本人的发明创造，而是很久以前古希腊人在建立几何学时所采用的方法。正因为如此，帕斯卡才将他的论文取名为《论几何学精神和说服的艺术》。事实上，古希腊的几何学建立在忠实遵循类似上述规则的基础上。在本书中，我们要讲的不是什么辩论术，而是数学。实际上，我们准备从**几何学**开始讲起，这样一来，就无论如何都无法无视"论证的方法"了。

数学有很多特征，"具有论证性"算得上其最有名的特征之一。当然，随着时代的发展，人们对公理等概念的解读已经有了相当大的变化。从古希腊时代至今，"在不需要证明的事物（即被命名为公理的事物）的基础之上，证明一切其他事物"这一数学特征可谓未发生任何变化。那么，在这种意义上，我们既可以说古希腊的几何学就是最初的数学，也可以说古希腊的几何学决定了数学的发展方向。

古希腊人之所以能够在文化史上以无与伦比的地位自居，原因之一就是他们实实在在地弄清楚了数学"具有论证性"这一特征的核心。

所谓几何学，极端地说就是"图形的学说"。由于它是从古埃及的测量术发展和演变而来的，几何学在英语里被称为 geometry[①]，希腊语原意是土地测量。

古希腊的几何学，受古埃及测量术的影响，起始于泰勒斯（约公元前 624—约前 547）和毕达哥拉斯（约公元前 580—约前 500），集大成于欧几里得的《几何原本》（约成书于公元前 300 年）。在其发展过程中，柏拉图创立的著名的希腊学园（又称柏拉图学园）中的成员也做出了巨大贡献。

《几何原本》可以称得上是古希腊几何学的结晶，接下来我们一边介绍它的具体内容，一边找寻"论证的方法"，甚至是"几何学精神"的具体例子。

欧几里得的《几何原本》

欧几里得把等同于帕斯卡所说的公理的内容分成两组，一组为**"公理"**（共同概念），另一组为**"公设"**（先决条件）。也就是说，欧几里得把它们分成"一般情况下被认为是真理的事情"和"创建几何学时被假定作为前提得到特别认可的事情"，分别称它们为公理和公设。然而，这种区别在后世逐渐消失，不需再加以证明的基础命题一律被称为公理。

《几何原本》由 13 卷组成。第一卷讲的是几何概念的定义、公设、公理和命题，第二卷讲的是"几何代数"问题（即以几何的形式讨论代数量），第三卷和第四卷讲的是圆的几何学，第五卷和第六卷讲的是比例及其在平面图形上的

---

① 源自希腊语，其中"geo"代表土地，"metry"代表测量。

应用，第七、八、九卷讲的是数论问题，第十卷讲的是无公度的几何量，第十一、十二、十三卷讲的是关于立体几何的内容。不过，由于欧几里得并没有给每一卷各自设立卷题，上面所列的内容充其量只是每一卷大致内容的总结，因此读者有必要注意，上述对各卷内容的概述既不意味着每一卷都只陈述了一个主题，也不意味着一个主题在某一卷中被完全陈述清楚了。

我们稍微具体深入地介绍一下《几何原本》的内容。《几何原本》开篇讲的就是著名的定义，其主要内容具体如下。

定义 1. 点不可再分。

定义 2. 线只有长度没有宽度。

定义 4. 直线是指点沿着一定方向及其相反方向的无限平铺。

定义 8. 角（平面上的）是在一个平面内但不在一条直线上的两条相交线之间的倾斜度。

定义 10. 一条直线与另一条直线相交所形成的两邻角相等时，两邻角皆称为直角，且其中一条直线称为另外一条直线的垂线。

定义 14. 由一个边界或者一个以上边界所围成的东西称为图形。

定义 15. 圆是由一条曲线包围的平面图形，其内部有一个定点与这条曲线上的点连接成的所有线段都相等。

定义 16. 上一条定义中的定点叫作圆心。

定义 23. 平行线是在同一平面内，向两个方向无限延伸，不论在哪个方向都不会相交的直线。

《几何原本》在开篇列举的定义共计23条，上面只列举了其中的9条，但是想必读者已经可以从中窥探到欧几里得所谓的定义的全貌。另外，《几何原本》除了这23条定义之外，有时会视需要追加一些必要的定义，这一点需要大家注意。

定义之后讲的是公设，总计5条。

公设 1. 在任意一点到任意一点之间可画一条直线。

公设 2. 直线可以延长。

公设 3. 以任意一点为中心，可以画半径①为任意长度的圆。

公设 4. 所有直角的角度都相等。

公设 5. 同一平面内一条直线和另外两条直线相交，若在某一侧的两个内角之和小于180°，则这两条直线经过无限延长后在这一侧相交（图1.2）。

接着讲的是9条公理（原书里有9条公理，但现在流行的版本里只有5条公理）。

① 半径：从圆心到圆周上一点的线段长度。

公理 1. 等于同量的量彼此相等。

公理 2. 等量加等量，其和仍相等。

公理 3. 等量减等量，其差仍相等。

公理 4. 不等量加等量，其和仍不相等。

公理 5. 等量的两倍仍相等。

公理 6. 等量的一半仍相等。

公理 7. 彼此覆盖的物体是全等的。

公理 8. 整体大于部分。

公理 9. 两条直线不会围成一个面。

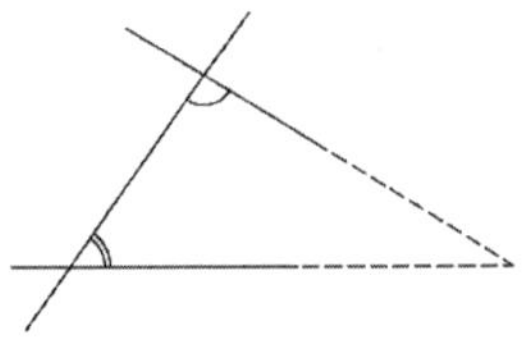

图 1.2

讲完上述内容后，欧几里得不做任何预告，开门见山，直奔主题。我们暂且先跟着他的笔尖所向看下去吧。

命题 1. 在一条已知的线段上可以作等边三角形①。

设 *AB* 为已知的线段。以点 *A* 为圆心、*AB* 为半径画圆（公设 3）。再以点 *B* 为圆心、*BA* 为半径画圆（公设 3）。两圆的交点为点 *C*，分别从点 *C* 作线段连接点 *A*、点 *B*（公设 1）。因为点 *A* 是 ⊙*A* 的圆心，所以 $AC = AB$（定义 15）。同理可得，$BC = BA$（定义 15）。根据公理 1，等于同量的量彼此相等，可得 $AC = BC$。所以三角形 *ABC* 就是所求的等边三角形（图 1.3）。

命题 2. 以一个给定的点作为端点，可以作一条等于已知线段的线段。

设点 *A* 为给定的点，*BC* 为给定的线段。如图 1.4 所示，连接点 *A*、点 *B* 两点成线段 *AB*，并在线段 *AB* 上

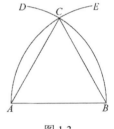

图 1.3

作等边三角形 *DAB*（命题 1）。以点 *B* 为圆心、*BC* 为半径作圆（公设 3）。延长 *DB*，得到直线（公设 2）。直线 *DB* 与上面的圆交于点 *G*，以点 *D* 为圆心、*DG* 为半径作圆（公设 3），作出的圆与 *DA* 的延长线相交，设交点为点 *F*。根据定义 15 可得 $DF = DG$，又因为三角形 *DAB* 是等边三角形，$DA = DB$，所以根据公理 3 可得 $AF = BG$。然后根据定义 15 可得 $BG = BC$。因此根据公理 1 可得 $AF = BC$。可证线段 *AF* 即所求的线段。

从以上内容我们可以知道，欧几里得从定义、公设、公理及已经得到论证的命题出发，通过不断累积已经得到证明的事物，一步一个脚印地朝着目标前进。帕斯卡所强调的数学"具有论证性"，正是具有这样的特性。

---

① 三角形是由 3 条线段围成的图形。其中，3 条线段叫作"边"。所有边的长度都相等的三角形为等边三角形（也称为正三角形）。

接下来，本书将从《几何原本》第一卷中选出与本书内容相关的若干命题进行展示。除了会对命题 47 进行证明外，其余命题皆省略证明过程。

命题 4. 如果两个三角形的两条边相等，且这两条边对应的夹角也相等，则这两个三角形全等[①]。

命题 6. 如果在一个三角形中，有两个角相等，则两个等角所对的边也彼此相等。

命题 8. 如果两个三角形中有 3 条边对应相等，那么这两个三角形全等。

命题 14. 如果过直线（线段）上的一点有两条不在这一直线同侧的直线，且它们和该直线所成的邻角之和等于 180°，则这两条直线在同一直线上。

命题 26. 两个三角形中，如果有两个角和一条边对应相等，那么这两个三角形全等。

命题 27. 如果一条直线和两条直线相交，所成的内错角彼此相等，则这两条直线互相平行（图 1.5）。

命题 29. 一条直线与两条平行直线相交，则所成的内错角相等（图 1.5）。

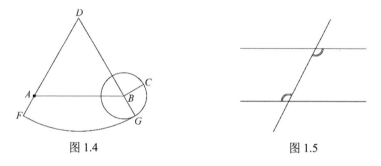

图 1.4　　　　　　　　　　　图 1.5

命题 31. 过一点可以作一条平行于已知直线的直线。

命题 32. 三角形的内角之和等于两个直角之和（180°）。

命题 37. 同底且在相同的平行线之间的三角形（的面积）彼此相等。

命题 41. 如果一个平行四边形[②]和一个三角形既同底又在两条相同的平行线之间，则后者（的面积）为前者（的面积）的二分之一。

命题 47. 以直角三角形[③]中直角所对的边为边长的正方形[④]（的面积），等于以两直角边为边长的两个正方形（的面积）之和。

---

① 全等，即互相重合，"彼此覆盖"，参见公理 7。
② 4 条线段围成的图形，即四边形中，若对应的两边互相平行，则称其为平行四边形。
③ 有一个角是直角的三角形。
④ 所有的边相等，所有的角为直角的四边形，是一种特殊的平行四边形。

命题 47 一般称为"毕达哥拉斯定理"，或者"勾股定理""三平方定理"。《几何原本》的第一卷就是为其做理论准备的。《几何原本》中对此命题的证明是一个典型的古希腊式推论的例子。在此对其进行展示，以便读者参考。

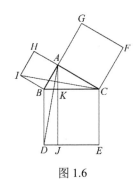

图 1.6

下面用△表示三角形，□表示四边形，∠表示角，S 表示面积。设△ABC 为直角三角形，已知 ∠BAC 为直角。则可证明□$BCED$ 的面积等于□$ABIH$、□$ACFG$ 的面积之和（图 1.6）。

过点 A 作 AJ 平行于 BD（命题 31），连接 AD。因为△ABD 与□$BDJK$ 有同底 BD 且在相同的平行线 BD、AJ 之间，所以

$$S_{\triangle ABD} = \frac{1}{2} S_{\square BDJK} \qquad\qquad （命题 41）$$

对于线段 AB，HA 和 AC 不在同侧，所成的两邻角（∠HAB 和∠BAC）的和等于 180°，所以 HAC 成一条线段（命题 14）。那么，△IBC 与□$BIHA$ 有同底 BI 且在相同的平行线 BI、CH 之间，因此

$$S_{\triangle IBC} = \frac{1}{2} S_{\square BIHA} \qquad\qquad （命题 41）$$

在△IBC 和△ABD 中，根据正方形的定义，可得 $IB = BA$、$BD = BC$。∠IBC 和∠ABD 是由两个相等的角（∠IBA 和∠CBD）加上相同的角（∠ABC）构成的，因此二者相等（公理 2）。所以，△IBC 全等于△ABD（命题 4）。由此，根据公理 7 可得，△IBC 与△ABD 面积相等。

相等的东西的两倍仍然相等（公理 5）。因此，由上面两个公式可得

$$S_{\square BDJK} = S_{\square BIHA}$$

同理：

$$S_{\square CEJK} = S_{\square ACFG}$$

相等的东西加上相等的东西，其结果仍然相等（公理 2）。因此，$S_{\square BIHA}$+$S_{\square ACFG}$=$S_{\square BDJK}$+$S_{\square CEJK}$=$S_{\square BDEC}$。证明完毕。

据说，《几何原本》是仅次于《圣经》的被广泛阅读的图书。事实上，论磨炼人的逻辑能力，几乎很难有书比《几何原本》更适合。在欧洲的学校中，几何学是必修课，实际上直到 19 世纪中叶，《几何原本》都被用作几何学的教科书。甚至在英国，欧几里得可以说是几何学的代名词。另外，不仅是帕斯卡，还有很多其他学者认为《几何原本》是学术典范。因此，模仿它的形式写出来的著作数不

胜数，其中著名的就有斯宾诺莎（1632—1677）的《伦理学》和牛顿（1643—1727）的《自然哲学的数学原理》等。

即使是如此著名的《几何原本》，也并非完全没有缺点。之所以这样说，是因为这本被誉为"逻辑性的精心著作"的图书中，也被发现有若干处并不能算是完全具有论证性的地方。比如，欧几里得在刚才提到过的第一卷命题 1 的插图中画了两个圆。他好像确信这两个圆的确会相交，但是这一点并未得到《几何原本》中的公理或者公设的支持。难道是因为欧几里得认为这一点不言而喻，都不必写进公理或者公设吗？上述猜想有些难以被认可，因为欧几里得在其他地方的思维都太过缜密。如果任凭我异想天开地猜测，我猜大概是因为欧几里得一时疏忽了吧。

古希腊人对待几何学的态度，是与他们对于自己所居住的空间的直观感受有着非常密切的联系的。从这种观点来看，我们就会觉得，如果把上述漏洞看作欧几里得的疏忽，也是有道理的。无论如何，在大约两千年间，几乎没有人能够发现《几何原本》的缺点①。其中当然可能会有欧洲人根深蒂固的对古希腊崇拜的热情在起作用。然而，尽管有一些缺点，《几何原本》历经两千多年的漫长岁月依然被奉为经典，这足以说明，欧几里得的失误是无伤大雅的。从这种意义来看，欧几里得"说服"了大多数人，这种说法绝非言过其实。

正确的推论形式

前面我们介绍了"几何学精神"，甚至是"论证的方法"。可以说，它们的本质就是"明确立场"，即当主张自己的见解时，我们需要彻底陈述见解的基础到底是什么，以及自己的用语有着怎样的含义，并且寻求对方的认可。然后，推进推论时，我们采取这种方式：仅仅以假定的事物为根据，不赋予用语任何"未加以声明的色彩"。这样说听起来似乎非常简单。然而，在世间的争论中只要有人说一句"略有耳闻"，争论可能就可以立刻结束，但实际上争论往往持续不断、冗长拖拉。

B 和 C 就"A 是否是伟人"进行争论。B 说，因为 A 持有勋章，所以 A 是伟人。C 说，因为 A 没有能力理解艺术，所以 A 不是伟人。如果是这样争论，那么就算争论到天荒地老，也不会分出胜负。

暂且不管上述问题。现在我们先为"几何学精神"添加一个注释。毫无疑

---

① 例外当然是存在的，比如莱布尼茨就发现了《几何原本》各种各样的缺点。

问，虽然"几何学精神"的本质就是"明确立场"，不脱离立场，一步一步地推进推论，但是如果推论本身没有说服他人的力量，那它无论如何都不可能是完美的"说服术"。比如，即使对方同意"罗马是一座大城市"这一点可以作为公理，我们也不能推出"因此，罗马是意大利的首都"等结论，不然肯定转眼间就会被对方反击。诚然，罗马的确是一座大城市，而且罗马也的确是意大利的首都，但是一旦在论证中加上了因果关系，对方的反击就不可避免。

一般来说，所谓推论，是指从一个已经被广泛认为是正确的事物，即从一个前提，通过"因此"推导出一个新的命题，即推导出"结论"。

那么，所谓所有人都同意的或者正确的推论，究竟意味着什么呢？从上面的例子中我们可以得知，它并非仅意味着无论是前提还是结论都是正确的。直截了当地说，所谓正确的推论，就是仅通过前提知识，结论的正确性也必然可以被论证的东西。上文中所列举的推论仅凭罗马是一座大城市这一公理就判断罗马是意大利的首都。那么听到这个推论的人一定会这么想：纽约也是一座大城市，为什么它不是美国的首都呢？而且，仅凭罗马是一座大城市这一点就认为罗马是意大利的首都的话，为什么同样是大城市的东京不是意大利的首都呢？像这样的推论，无论其前提多么正确，所推导出的结论都是不能让人信服的。要想让人认可推论正确，除了前提，还需要其他的东西，比如人文地理的相关知识。因此，这个推论不正确。与此相反，下面的推论就不存在上述问题。

苏格拉底是人，
人是会死亡的。

因此，

苏格拉底是会死亡的。

因为在这个推论中，只要认可了两个前提，就绝对不能够否定它的结论。

现在，我们尝试照猫画虎，将上述推论中的"苏格拉底"直接置换为"欧几里得"：

欧几里得是人，
人是会死亡的。

因此，

欧几里得是会死亡的。

在以上的推论中，前提和结论都是正确的。并且，即使把"会死亡的"直接置换为"会睡觉的"，情况也完全一样。相信大家会发现，除此之外，尝试置换成其他各种概念时，置换的结果都一样，即只要两个前提是正确的，不论何时，结论也都将是正确的。然而，之前关于罗马的例子是这样的：

罗马是一座大城市。

因此，

罗马是意大利的首都。

这种情况下置换后结论就不正确了。比如，如果将"意大利的首都"置换成"法国的首都"，尽管前提是正确的，但结论是不正确的。

仔细思考这个问题可以看出，一个结论是否正确，与推论过程中涉及的概念并没有关系，主要与推论的形式有关系。例如关于苏格拉底的那个推论之所以正确，并非苏格拉底本人的伟大成就所致，而是因为

A 是 B，
B 是 C。

因此，

A 是 C。

这一推论的形式是正确的，仅此而已。与此相反，关于罗马的那个推论之所以不正确，责任并不在推论中的"罗马""大城市""意大利的首都"，而是因为

A 是 B。

因此，

A 是 C。

这一推论的形式是错误的。

所谓正确的推论，可以说就是遵循"良好的形式"的推论。另外，从上面的例子中我们可以知道，如果在一个推论中，不管代入什么样的概念（无论是概念 A 还是概念 B），只要前提是正确的，其结论也一定是正确的，那么，我们就可以称它具有良好的形式。那么，哪些形式是良好的呢？实际上，我们所知道的良好的推论形式数不胜数。

A 是 B。

因此，

不是 B 的东西也不是 A。

有上面这种简单的形式。

A 是 B。
B 是 C。
C 不是 D。
有的 A 是 E。

因此，

有的 E 不是 D。

也有上面这种复杂的形式。良好的推论形式是多种多样的。当然，因为这些都是良好的推论形式，所以遵循这些形式的推论一定能够说服所有人。但是，像后面的例子那样，推论形式变得复杂之后，就不能立马说服其他人了。另外，就算是简单的推论形式，要做到总是不出差错地使用也是非常有难度的事情。要想熟练掌握各种各样的推论形式，必须在一定程度上通晓推论形式的逻辑，并且通晓的程度越高，能够掌握的推论形式就越多。

然而，有一件事非常幸运。那就是，一般我们使用的推论形式基本上只有一到两个前提，像上面那样复杂的推论形式几乎很少出现，而且就算真的出现复杂的推论形式，也多半可以通过如下的分解，将其视为只有一到两个前提的推论形式的多次重复。（下面的例子就是刚才列举的复杂推论形式的分解。）

$$A 是 B，$$
$$B 是 C。$$

$$\begin{pmatrix} 因此， \\ A 是 C。 \end{pmatrix}$$

$$C 不是 D。$$

$$\begin{pmatrix} 因此， \\ A 不是 D。 \end{pmatrix}$$

$$有的 A 是 E。$$

因此，

$$有的 E 不是 D。$$

所以，只要充分熟悉只有一到两个前提的推论形式，大体上就足够了。话虽如此，难道当面对一个推论形式时，我们没有办法立刻判断它是好还是坏吗？碰到复杂的推论形式就像上面一样对其进行分解，或者像之前说的那样，尝试代入 A、B 等各种各样的概念去验证，这样来研究的话也太麻烦了。

欧拉（1707—1783）为此特意设计出一套便利的方法。他把 A、B 等概念用平面上的图形来表示，并且他用图形的外部空间表示"不是 A""不是 B"等概念。在此基础上，他还制定了以下规则。

（1）若存在命题"A 是 B"，则把 A 的图形画在 B 的图形内部[图 1.7（a）]。

（2）对于命题"部分 A 是 B"，至少要把部分 A 的图形画在 B 的图形内部[图 1.7（b）]。

（3）对于命题"A 不是 B"，要把 A 的图形画在 B 的图形的外部[图 1.7（c）]。

（4）对于命题"部分 A 不是 B"，至少要把部分 A 的图形画在 B 的图形外部[图1.7（d）]。

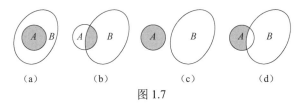

（a）　　　　（b）　　　　（c）　　　　（d）

图 1.7

像这样事先制定好规则，然后当面对一种指定形式的推论时，第一步要做的是，逐一将推论的前提按照上面的规则表示为图形的形式。如果我们可以通过这样的方式从图形（只要满足可以按照规则画出来这一个条件，无论是哪幅图）中读取结论，就称这种形式为良好的推论形式。

例如，上述推论形式的前提

A 是 B，

B 是 C，

C 不是 D，

有的 A 不是 E

用图示的方式表示，则如图1.8所示。这时，结论

有的 E 不是 D

可以从图1.8中正确地读取出来。那么，这种推论形式为良好的推论形式。

这种方法在实际推论过程中非常好用。在各个命题中找到这样对应的图形，一边在脑海中浮现这个图形一边进行推论，在某种程度上可以避免推论的谬误。这种推论的形式由"逻辑学之父"亚里士多德首次创建。在此基础上，他列举了拥

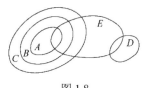

图 1.8

有两个前提的推论形式，即**三段论**的形式，然后一一对其判断好坏。无论如何，亚里士多德能够看出推论的好坏取决于其形式的好坏，确实可以说他具有一双慧眼。他编写的关于这方面的著作被称为《工具论》。

亚历山大城的数学

关于欧几里得的生平、风范等信息，我们几乎没有办法了解。普罗克洛（410—485）给《几何原本》的第一卷写了注释，其中仅剩下些许关于欧几里得的记述，一般认为如今残存可信的关于欧几里得的文献仅仅只有这些。根据

这些注释记述，公元前 300 年，欧几里得在亚历山大城生活。大概是因为受到托勒密一世①的邀请他才去的那里。普罗克洛记载了一个有名的趣闻。相传，由于欧几里得的几何学讲义过于复杂，非常难以学习，托勒密一世就向欧几里得询问，有没有能够更省事地学习几何学的方法。欧几里得回答："在几何里，没有专为国王铺设的大道。"

亚历山大大帝（公元前 356—前 323）建立的帝国在那时已经分崩瓦解。然而，托勒密王国所继承的亚历山大城得益于亚历山大大帝的余晖、地利和王朝的贤明政策，成为地中海东部的中心。据说，本来亚历山大大帝建立这座城市的动机是看中它优越的地理位置，想要把它变成海上交通的一大根据地。一旦他的伟业实现，东西方向的交通往来会变得愈发频繁，城市也会变得更加繁荣。据说亚历山大城最盛时期的人口有 100 万左右。

托勒密一世和他的儿子托勒密二世极力通过奖励政策推动文化的发展。他们父子（主要是托勒密二世）主持建造了亚历山大城博物馆，其中有著名的亚历山大城图书馆，并招聘了很多学者，让他们衣食无忧地在那里专心研究学问。他们还举办了前所未有的重要祭祀活动，不惜重金奖赏祭祀活动的参与者。

亚历山大大帝东征的结果——世界化的希腊风潮兴起。经过托勒密父子二人的努力，亚历山大城成为文化中心。这一时期，形而上学的学问已经不再流行，取而代之的是各种发展迅猛的自然科学②。其中，希腊风潮的作用自然是巨大的。

比欧几里得略晚一些出现的阿基米德（公元前 287—前 212）能够很好地代言亚历山大城的学术风气。无论是作为理论家还是作为实践家，他都是那个时代的一流人才。他出生于叙拉古，深受当时的国王希伦二世（又译为希罗二世）喜爱，后来在亚历山大城学习。

相传当罗马共和国攻打叙拉古时，阿基米德让许多人手执凹面镜会聚阳光，烧毁了敌人的船只。另外，相传国王希伦二世命令阿基米德鉴别金质的王冠中是否混有其他物质，阿基米德在泡澡时想出了鉴别方法，于是一边说着 "Heureka"（我找到了），一边赤身跑出了家门。我们可以通过这些逸闻或多或少推测出阿基米德在学习、研究时的认真态度。

新兴的罗马共和国一步一个脚印地不断扩大版图，而亚历山大城在最后的女王克娄巴特拉七世的统治下得以暂且维持"小康"。亚历山大城是当时的一大

---

① 托勒密王国（希腊化时代埃及古国）国王托勒密一世（公元前 305—前 285 年在位），原为马其顿国王亚历山大大帝的部将之一，是托勒密王国的创建者，于公元前 305 年建都于亚历山大城，推行亲古希腊政策。——译者注
② 那个时候雅典仍然存在研究哲学的柏拉图学园等各种学园。

交通枢纽。因此，发展海上航行技术的需求日益迫切，于是三角学、天文学等在这片土地上逐渐发展起来。

被誉为"天文学之父"的喜帕恰斯（又译为依巴谷，约公元前190—前125）在天文学的相关研究中成绩显赫。他推算出地球绕太阳一周的时间为365天5时55分12秒。这一推算结果与当今众所周知的正确时间相比误差极小。另外，说他奠定了如今的三角测量法的基础也并不为过。

所谓三角测量法，就是在一个三角形中，已知几条边的长度或者角的大小，求剩下的边和角的方法。例如，在图1.9中，已知$\angle A$、$\angle B$与三角形的边AB的长度，求边AC、BC的长度或者$\angle C$的大小，这就属于三角测量法可解决的问题。这个问题对于海上航行技术来说相当重要。

另外，今天我们所应用的角度换算关系

1周角 = 360°

1° = 60′

1′ = 60″

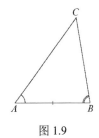

图1.9

据说就是在当时被吸收到天文学和三角测量法当中的。该方法由古巴比伦人发明。至于一周角为什么定为360°，众说纷纭，没有定论。有人说，大概是因为古巴比伦人认为一年有360天，所以用一年来表示圆的一周。这种说法并非纯粹臆测。

几何学在三角测量法中的应用

为了让大家了解几何学的实用性，下面我们用现代的方法来总结一下三角测量法。

首先，解释一下其中基本的概念——相似。在$\triangle ABC$和$\triangle A'B'C'$中（图1.10），当$\angle A = \angle A'$，$\angle B = \angle B'$，$\angle C = \angle C'$时，这两个三角形被称为相似三角形，记作：

$$\triangle ABC \backsim \triangle A'B'C'$$

不难发现，所谓两个三角形相似，就是说它们的3个角分别对应相等。在相似三角形中，最重要的是

$$AB : A'B' = AC : A'C' = BC : B'C'$$

这一关系成立。以下为大致的证明过程。

首先，以点 A 为圆心、$A'B'$ 的长度为半径作圆，与 AB 交于点 D。同样，以点 A 为圆心、$A'C'$ 的长度为半径作圆，与 AC 交于点 E（图 1.11）。连接 DE，那么，在 $\triangle A'B'C'$ 和 $\triangle ADE$ 中，

$$A'B' = AD$$
$$A'C' = AE$$
$$\angle A' = \angle A$$

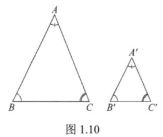
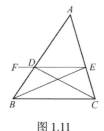

图 1.10　　　　　　　　　图 1.11

因此，$\triangle ADE$ 与 $\triangle A'B'C'$ 一定是全等的（命题 4），故：

$$\angle ADE = \angle B' \tag{1}$$

延长 ED 至点 F，形成 EDF。这时，

$$\angle ADE + \angle ADF = 180°$$
$$\angle BDF + \angle ADF = 180°$$

因此，

$$\angle BDF = \angle ADE \tag{2}$$

根据式（1）、式（2），以及公理 1 和 $\angle B = \angle B'$，可得

$$\angle BDF = \angle B \text{（即} \angle ABC \text{）}$$

由此可以得知，DE 一定平行于 BC（命题 27）。

然而根据《几何原本》第六卷命题 1 "高度相等的三角形或平行四边形（的面积）与底边（的长度）成正比"，可以得到

$$S_{\triangle ADE} : S_{\triangle ABE} = AD : AB \tag{3}$$
$$S_{\triangle ADE} : S_{\triangle ACD} = AE : AC \tag{4}$$

又因为

$$S_{\triangle ABE} = S_{\triangle ADE} + S_{\triangle BDE}$$
$$S_{\triangle ACD} = S_{\triangle ADE} + S_{\triangle CDE}$$

根据命题 37 "同底且在相同两条平行线之间的三角形（的面积）彼此相等"，可以得到

$$S_{\triangle BDE} = S_{\triangle CDE}$$

因此，可以得到

$$S_{\triangle ABE} = S_{\triangle ACD} \qquad (5)$$

根据式（3）、式（4）、式（5）可以立即得到

$$AD : AB = AE : AC$$

即

$$A'B' : AB = A'C' : AC$$

同理可得

$$A'B' : AB = B'C' : BC$$

当给定一个大于 0°、小于 90° 的角，即锐角 $\angle PAQ$ 时，从 PA 上的任意点 B 作 BC 垂直于 QA，无论点 B 的位置在何处，

$$AB : BC : CA$$

是一定的。证明过程如下。

现在，在 AP 上另取一个点 B'，过该点作垂直于 AQ 的直线 $B'C'$，如图 1.12 所示，思考 $\triangle ABC$ 与 $\triangle AB'C'$ 之间的关系。

在这两个三角形中，$\angle A$ 是共同的角，$\angle B'C'A = \angle BCA = 90°$。根据命题 32 "三角形的内角之和等于两个直角之和（180°）"，可以知道

$$\angle A + \angle BCA + \angle ABC = 180°$$

$$\angle A + \angle B'C'A + \angle AB'C' = 180°$$

所以，

$$\angle ABC = \angle AB'C'$$

因此，

$$\triangle ABC \backsim \triangle AB'C'$$

再使用前面的结论，则立马可以得到

$$AB : BC : CA = AB' : B'C' : C'A$$

无论点 B' 的位置在哪里，都是如此，即

$$AB : BC : CA$$

是一定的。

当 AB 为斜边，BC 为高，AC 为底边时，该命题表示，无论点 B 在何处，

$$斜边 : 高 : 底边$$

都是一定的。当点 B' 不是 AP 上而是 AQ 上的点时，以上证明的结论是通用的，这一点是非常容易观察到的（图 1.13）。

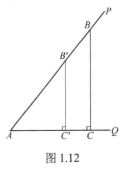

图 1.12

因此，在这种情况下，

斜边:高:底边

与之前的完全相同。如此可以得知，当给定一个锐角时，上述比例就已经全部固定下来。这个比例对建立角的大小与三角形的边长之间的关系帮助很大。但是，无论如何，因为是 3 个数字的比例，所以无法否认其处理起来并不方便。于是，人们细分了这些比例并进行了定义，具体如下。

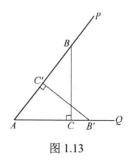

图 1.13

（1）对边:斜边，称为∠A 的**正弦**。

（2）邻边:斜边，称为∠A 的**余弦**。

（3）对边:邻边，称为∠A 的**正切**。

∠A 的正弦、余弦和正切分别用符号 $\sin A$、$\cos A$、$\tan A$ 来表示[①]。仔细观察定义，我们能发现这些比例之间存在以下关系：

$$\tan A = \frac{\sin A}{\cos A}$$

计算∠PAQ 的正弦和余弦时，因为无论点 B 在哪个位置结果都一样，所以为了方便，我们特意取 AB 的长度为 1（图 1.14），则以下等式成立：

$$\sin A = \frac{BC}{AB} = BC$$

$$\cos A = \frac{AC}{AB} = AC$$

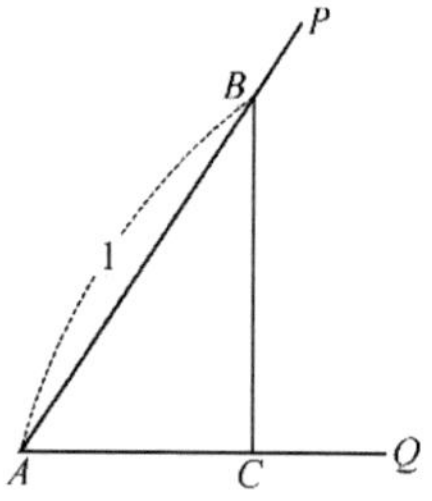

然而，△ABC 是直角三角形，因此根据勾股定理可得

图 1.14

$$AB^2 = BC^2 + AC^2$$

根据以上 3 个等式，可以得到以下等式：

$$1 = (\sin A)^2 + (\cos A)^2$$

这个等式非常实用。

以上内容是关于锐角的，如果钝角也存在上述比例就会很方便。然而，在钝角的情况下如果我们也试着进行上述计算，实际上会产生不妙的结果。前文

---

① $\frac{1}{\sin A}$、$\frac{1}{\cos A}$、$\frac{1}{\tan A}$ 分别写作 $\csc A$、$\sec A$、$\cot A$，分别称为∠A 的余割、正割、余切，它们非常有用。

提到过，之所以特意定义正弦、余弦等概念，是因为想要以它们为媒介建立三角形中角与边之间的某种关系。然而，如果尝试效仿锐角，对钝角也选一边上的某点作直角三角形，则得到的正弦和余弦与其说是∠PAQ的正弦和余弦，倒不如说是∠BAC的（图1.15）。

于是，人们根据各种各样的经验想到一个方法，即在这种情况下，把本应在AQ上的点C看作越过点A，在QA的延长线上的一点，因此可以选择把AC的长度看作"负的"。实际上，如果对照其他各种方法来看，就会发现这个方法非常好。遵循这个方法的思路，则正弦、余弦等定义在钝角的情况下也一样，只不过底边的长度是"负的"而已。

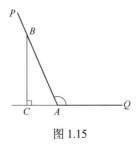

图 1.15

以同样的思考方法来看，那么对直角来说，上述情况下的点A和点C完全重合，则斜边与高一致，底边的长度可看作0。只不过这种情况下，需要注意直角的正切表达式中分母为0，因此无法考虑。因为在除法中，除数不能为0。

对于高度为0的极端情况下的0°角，以及同等程度极端的180°角来说，也完全可以用同样的方法来定义正弦、余弦等概念。表1.1中列出了常见角度的正弦、余弦及正切值。

表 1.1　常见角度的正弦、余弦及正切值

角度 x	$\sin x$	$\cos x$	$\tan x$
0°	0	1	0
30°	$\dfrac{1}{2}$	$\dfrac{\sqrt{3}}{2}$	$\dfrac{\sqrt{3}}{3}$
45°	$\dfrac{\sqrt{2}}{2}$	$\dfrac{\sqrt{2}}{2}$	1
60°	$\dfrac{\sqrt{3}}{2}$	$\dfrac{1}{2}$	$\sqrt{3}$
90°	1	0	不存在
135°	$\dfrac{\sqrt{2}}{2}$	$-\dfrac{\sqrt{2}}{2}$	-1
180°	0	-1	0

图1.16所示为0°~180°的角对应的正弦函数、余弦函数、正切函数图像。

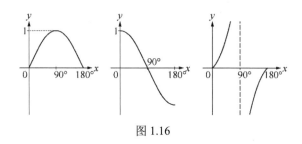

图 1.16

接下来，我们将说明上述定义在三角测量法中是怎样被有效使用的。

在 △ABC 中，假定 ∠A 是锐角，过点 B 作垂直于 AC 的线段 BH（图 1.17）。那么根据定义可得

$$\begin{cases} \sin A = \dfrac{BH}{AB} \\ \cos A = \dfrac{AH}{AB} \end{cases} \quad\quad (6)$$

即

$$\begin{cases} BH = AB \cdot \sin A \\ AH = AB \cdot \cos A \end{cases} \quad\quad (7)$$

根据 ∠C 是锐角、直角或钝角（图 1.18），CH 与 $AC - AH$ 或 $AH - AC$ 相等。把这些代入勾股定理公式：

$$BC^2 = BH^2 + CH^2$$

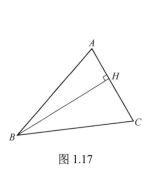

图 1.17

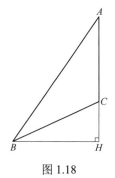

图 1.18

无论哪种情况，

$$BC^2 = BH^2 + (AC - AH)^2$$

都成立。将式（7）代入上面的等式，则

$$BC^2 = (AB \cdot \sin A)^2 + (AC - AB \cdot \cos A)^2$$
$$= AC^2 + AB^2[(\sin A)^2 + (\cos A)^2] - 2AB \cdot AC \cdot \cos A$$

根据之前的内容得知 $(\sin A)^2 + (\cos A)^2 = 1$。因此，最终可得

$$BC^2 = AB^2 + AC^2 - 2AB \cdot AC \cdot \cos A \qquad （8）$$

以上是 $\angle A$ 为锐角的情况。当 $\angle A$ 是直角或者钝角时，上面的计算里式（6）中的 AH 为 0（$\angle A$ 为直角），或者在它前面加上负号（$\angle A$ 为钝角），接下来用相同的方式推算可以得到类似的等式。

在 $\angle A$ 为直角的情况下，因为 $\cos A = 0$，所以式（8）就变成了

$$BC^2 = AB^2 + AC^2$$

这与勾股定理一致。也就是说，式（8）其实可被看作把勾股定理推广到一般三角形中的情况。这个公式被称为"**余弦定理**"。除此之外，还有一个被称为"**正弦定理**"的公式：

$$\frac{BC}{\sin A} = \frac{AC}{\sin B} = \frac{AB}{\sin C}$$

证明过程略。

三角函数表得到了广泛运用。该表归纳了不同角度的角的正弦值、余弦值、正切值。实际上，同时使用三角函数表和正弦定理、余弦定理，就可以知道三角测量法几乎是万能的。比如已知 $\angle B$、$\angle C$ 和 BC，求 AB、AC 和 $\angle A$（图 1.19），就可以用以下方法解答。

（1）$\angle A = 180° - \angle B - \angle C$。

（2）在三角函数表中查询 $\sin A$、$\sin B$、$\sin C$。

根据正弦定理

$$\frac{AB}{\sin C} = \frac{BC}{\sin A} = \frac{AC}{\sin B}$$

可得

$$AB = \frac{\sin C}{\sin A} BC$$

$$AC = \frac{\sin B}{\sin A} BC$$

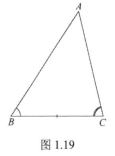

图 1.19

古希腊几何学的特征

现在我们把话题切换回《几何原本》。《几何原本》中充满了各种各样的智慧，以至于人们觉得，古希腊人把解决问题看作揭示谜团一样，边享受其中的

乐趣边埋头苦算。下面我们回忆一下《几何原本》的第一卷中关于勾股定理的证明。

欧几里得为了证明图 1.20 中 A 的面积加上 B 的面积等于 C 的面积，在图 1.20 的基础上添加了几条辅助线，形成了图 1.21。原本，若仅仅盯着图 1.20，我们完全不知道该从何处下手，毫无证明思路，但是添加上这几条辅助线后，证明思路立即就浮现在眼前。

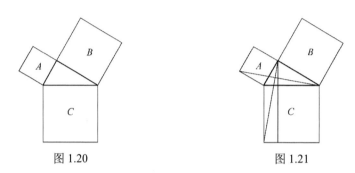

图 1.20　　　　　　　　　　　　图 1.21

图 1.21 中添加的几条辅助线究竟具有怎样的必然性呢？为了证明 $S_A + S_B = S_C$，把 C 分成与 A 面积相等的部分和与 B 面积相等的部分即可，这样的想法很有可能是添加这几条辅助线的契机，但是仅凭这一点，根本不可能作出图 1.21 中的辅助线。然而，一旦作出了这样的辅助线，证明过程就能一气呵成。其他的辅助线就算作出再多，也几乎不会像这几条辅助线那样使证明能够成功。

如大家所猜想的那样，想要找出能够使证明成功的辅助线，不仅需要准确的直觉和相当扎实的几何功底，而且可能需要运气。另外，值得注意的是，证明一个命题的方法不止一个。我们以勾股定理的另一个证明方法作为例子进行说明。

假设 $\triangle ABC$ 中 $\angle A$ 为直角（图 1.22）。首先，作一个边长为 $AB + AC$ 的正方形。在正方形的各条边上分别取 H、I、J、K 这 4 个点（图 1.23），使得

$$EH = FI = GJ = DK = AB$$

那么，

$$DH = EI = FJ = GK = AC$$

自然成立。因此，$\triangle DKH$、$\triangle EHI$、$\triangle FIJ$、$\triangle GJK$ 都和 $\triangle ABC$ 全等。$\square HIJK$ 此时为边长等于 BC 的正方形，因此可得

$$S_{\square DEFG} = 4S_{\triangle ABC} + BC^2 \tag{9}$$

图 1.22

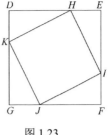

图 1.23

另外，对于相同的□*DEFG*，过边上的点 *H*、*I* 分别作垂直于边的两条线段 *HH'* 和 *II'*，并且将□*DEFG* 分成 4 个四边形（图 1.24），则：

$$S_{\square HEIP} = HE \cdot EI = AB \cdot AC = 2S_{\triangle ABC}$$

$$S_{\square I'PH'G} = I'G \cdot GH' = AB \cdot AC = 2S_{\triangle ABC}$$

$$S_{\square DHPI'} = DH \cdot DI' = AC \cdot AC = AC^2$$

$$S_{\square PIFH'} = IF \cdot FH' = AB \cdot AB = AB^2$$

因此，

$$S_{\square DEFG} = 4S_{\triangle ABC} + AB^2 + AC^2 \qquad (10)$$

联立式（9）、式（10）则可以得到

$$AB^2 + AC^2 = BC^2$$

证明完毕。

我们并不能确定勾股定理（也就是毕达哥拉斯定理）是否由毕达哥拉斯本人所发现，但是至少可以确定，这是他创立的学派，也就是毕达哥拉斯学派的成果。并且，一般认为其所给出的证明就是上面提到的证明。据说该学派的学术风气与泰勒斯所属的米利都学派不同，该学派的学术风气带有一种宗教色彩，所有成果都被认为是"始祖"毕达哥拉斯的。

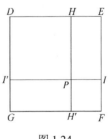

图 1.24

言归正传，对一个命题来说，如果想方设法之后能够得到好几种证明方法，是非常有趣的。这一点为几何学增添了多样的色彩。自古以来，学习几何学的人对这门学问的热爱，大多源于"思维生产的愉悦"。可以说，这种"多样的色彩"正是古希腊几何学本身所具有的。但对一门学问来说，无论如何都无法忽视的应该是它的方法。对古希腊几何学来说，方法就是在图形中添加各种辅助线，借助已知的条件，确立假定的性质和应该得到证明的性质之间的逻辑性关联。

我们说过，通晓此方法需要相当扎实的几何功底。如果一门学问中的基础方法都必须要凭借多年的经验才可以掌握的话，那么该学问再怎么具有魅力，也没有办法说它处于非常良好的发展状态。自古希腊文明后，几何学就几乎没有再添加新的命题，原因大概就是古希腊几何学所采用的方法自身存在缺点。

学习几何学的人做梦都想要一个不怎么需要经验就能解决问题的"万能方法"。我们已经论证过，《几何原本》这本书作为锻炼逻辑思维能力的经典，在任何时候都可以重点使用，是一本魅力无穷的书。但是，好像我们也没有办法否定，它也是一个让读者很快就失去兴趣的"自卑感制造机"。然而，人们对于恐怕会玷污"几何学之道"的"万能方法"的期待得到了完美的回应。虽然要等到欧几里得之后将近两千年的时间才能看到它横空出世，但是它的确是存在的。

它并不是什么秘密法宝（比如在某种情况下只要作一条辅助线就一定能够证明成功之类），因此应该说它是超出了古希腊几何学范畴的。换言之，几何学被导入了新的理念。简而言之，"万能方法"就是用方程来表现图形，把几何学中的证明方法"翻译"成计算的方法。

在这种理念下形成的几何学被称为"**解析几何学**"。解析几何学的创立与两位法国人有关，分别是费马（1601—1665）和笛卡儿（1596—1650）。要说明其中的原委，首先必须把视线转移到印度人与阿拉伯人对方程的研究上。

第二章

光从东方来——代数学的诞生

罗马的数学

取代希腊人登上历史舞台并成为主角的是罗马人。众所周知，罗马人以勇武著称，对几何学几乎没有做出任何新的贡献。

据说，希腊人与罗马人的性格迥然不同。希腊人拥有典雅高尚的哲学知性，而罗马人拥有更加实用的智慧与谋略。希腊人所喜好的"气吞宇宙"般的思维活动，罗马人几乎没有。也正是有这一层原因，古希腊文明衰落以后，欧洲几何学新著的再次诞生在西罗马帝国灭亡之后不久的 6 世纪。而且，这些新著不过是波伊提乌（约 480—524/525）和卡西奥多鲁斯（约 485—约 580）等三两个人几乎没有任何独创性的、零零碎碎的东西。

西罗马帝国灭亡后，直到文艺复兴的曙光可以被依稀看见的 13—14 世纪为止，欧洲都长时间被中世纪的"黑暗"笼罩，不知道欧洲人是如何度过这段漫长的时间的。在这段时间里，不仅是数学，欧洲几乎所有的事物都在极度衰退。因为与教会的崇高地位相比，其他的任何事物在当时都根本不值一提。

位值制记数法与 0 的发明

众所周知，印度、埃及等国家与古巴比伦一样，也有着光辉灿烂的古代文明。即使在数学方面，印度人也占据着重要的历史地位，不逊于希腊人。有的人称赞说，"各个古代文明中，除了希腊人，印度人也发挥了卓越数学才能"。

对于印度人在数学领域做出的贡献，首先无论如何都没有办法遗漏的应该就是位值制记数法的发明和 0 的发明。位值制记数法的规则是，记录数字时，不是分别用不同的文字表示个位数、十位数、百位数……而是用处于不同位置的数字来区分。比如，现在我们使用的记数法把"三万五千五百四十三"这个数字写作

$$35543$$

这就遵循了位值制记数法的规则。

这个方法并没有多么复杂，这里出现的两个 3 并不表示相同的意思，因为它们所在的位置不相同，一个表示"三万"，另一个表示"三"。用这一方法书写的数字非常简洁明了。

以希腊人的记数法为首，其他古代文明的记数法大多数不是这样的，而是随着位数的增加，数字本身也会发生变化。例如，图 2.1 展示了希腊人从公元前 7 世纪左右开始使用的数字。若使用这套数字体系，则"三万五千五百四十三"就要像图 2.2 所示的这样被记录。

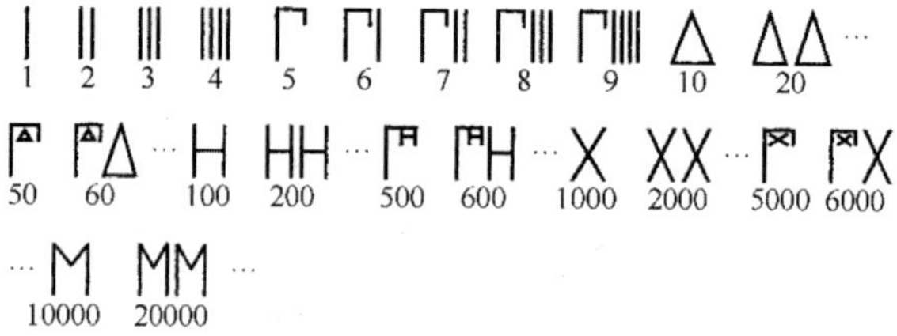

图 2.1

我们平日里已经用习惯了位值制记数法，所以可能不怎么了解它的价值。但是只要用不同的记数法写两三个数字比较一下，我们就能立马体

图 2.2

会到希腊式记数法等其他记数法在笔算时有多么不方便了。而且，不要忘了，用希腊式记数法记数时，需要的数字可能多到无穷无尽。

上面我们提到过，印度人被高度称赞，还有一个原因是他们拥有发明 0 的功劳。值得注意的是，0 的发明和上面讲到的位值制记数法的发明并不是毫无关系的两件事。位值制记数法根据各个数字所在的位置来区分它的位数、大小等，例如，在书写"一千零五十三"的时候，为了不和"一百五十三""一万零五十三"混淆，显然就需要一个记号来表示百位数的缺失。"0"大概就像下面这样：

1053

首先作为填补空缺位置的记号出现了。接着，由于人们在笔算中的经验累积，"0"逐渐获得了作为一个"数字"的资格。

据说，位值制记数法和 0 清楚地出现在著名印度数学家阿耶波多第一（约476—550）的著作中。

印度的数学

看起来，印度人对待数学的态度与希腊人相比存在显著的差异。印度人的数学与几何学互相竞争，如今已发展成为一个数学的分支，即代数学。下面我们通过一个示例来看希腊人与印度人思考方式的差异。《几何原本》第二卷中有这样一个问题：将给定的线段截为两部分，并以被分出的两条线段作为矩形[①]的两条边，使得矩形的面积等于给定的正方形的面积。以下为希腊人对该问题的大致解法。

如图 2.3 所示，令给定的线段为 AB，该线段的二等分点为点 M。并且，令所求的线段为 AC、BC，以这两条线段（的长度）为两条边的矩形为 ACHF。在 AM 边上的 □AMED 中，

$$S_{\square AMED} + S_{\square MCHG} = S_{\square FGED} + S_{\square ACHF}$$

即

$$S_{\square AMED} - S_{\square ACHF} = S_{\square FGED} - S_{\square MCHG}$$

等式右边的两个矩形都拥有一条和 MC 长度相等的边[②]，另一条边长度的差又等于 MC，因此：

---

① 矩形就是所有内角都是直角的四边形。
② 因为 $ME = AM = MB$，$GM = HC = CB$，所以 $EG = ME - GM = MB - CB = MC$。

$$S_{\square AMED} - S_{\square ACHF} = \text{以}MC\text{为边的正方形的面积}$$

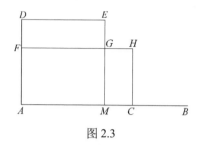

图 2.3

在这个等式中，左边第一项为以 *AB* 长度的一半为边的正方形的面积，第二项与问题中给定的矩形面积相等。现在如果能将与它们的差相等的面积转化为正方形，那么通过作图就可以求出作为其边长的 *MC* 的长度。这样的话，毫无疑问点 *C* 的位置就可以确定。

印度人处理的问题是："有两个数字，其和为 13，乘积为 36。求这两个数字分别为多少。"

在上述《几何原本》的问题中，如果设线段的长度为 13，给定的正方形面积为 36，那么正好就可以对应上述问题。因此，现在从我们的角度来看，两者完全属于同类问题。用现代的方法记录印度人对这个问题的解决方法如下。

设所求的一个数字为 x，那么另一个数字就是 $13-x$。又根据题干可得

$$x(13-x) = 36 \qquad (1)$$

那么，

$$x^2 - 13x = -36 \qquad (2)$$

由此可得

$$x^2 - 13x + \left(\frac{-13}{2}\right)^2 = \left(\frac{-13}{2}\right)^2 - 36 \qquad (3)$$

即

$$\left(x - \frac{13}{2}\right)^2 = \frac{25}{4} = \left(\pm\frac{5}{2}\right)^2 \qquad (4)$$

由此可得

$$x - \frac{13}{2} = \frac{5}{2} \text{ 或} -\frac{5}{2} \qquad (5)$$

即

$$x = 9\text{或}4 \qquad (6)$$

因此所求的数字为9和4。

通过上述比较，我们可以大体上推测出希腊人和印度人思考方式的区别。希腊人追求的是"通过图形求满足给定条件的量的方法"，而印度人追求的是"通过实际计算求满足给定条件的数的方法"。也可以说，它们是几何学与代数学各自特征的根本。

接下来的话题可能稍微有些转变，古希腊几何学中的很多内容，用今天的方法查证后可知，其实它们与代数学问题的解法有关。印度人与希腊人在代数学上所取得的成果几乎可以匹敌，并且二者数学理论的用途也极其相似。丹麦数学家邹腾（1839—1920）因此把古希腊几何学的这个部分命名为"代数几何"。

代数学探讨的主要问题是，从表示给定条件的**方程**出发，计算未知数，也就是求**根**。这件事用"解方程"这个词语来表示。通过上述内容可以得知，解方程正好相当于古希腊几何学中的应用"具有给定性质的量的作图法"。

希腊人在应用作图法时，预先准备了很多关于图形一般性质的命题作为工具。比如上文的线段分段的作图法中，两个等式求出来之后立马使用了"如果两个矩形有一条边相等，那么这两个矩形的面积之差等于以第二条边的长度之差作的一条边，以及以这两个矩形中长度相等的边的长度作的另一条边所构成的矩形的面积"这一命题。

与此类似，在代数学中，印度人在应用方程的解法时，也事先准备了各种各样的关于等式计算的一般性关系。比如，在上面的例子中，解方程

$$x(13-x)=36$$

时，事实上用到了以下一般性关系：

$$C(A-B)=CA-CB \tag{a}$$
$$若 A=B，则 -A=-B \tag{b}$$
$$若 A=B，则 A+C=B+C \tag{c}$$
$$(A-B)^2=A^2-2AB+B^2 \tag{d}$$

事实上，从式（1）变化到式（2）时用到了式（a）和式（b），从式（2）变化到式（3）时用到了式（c），从式（3）变化到式（4）时用到了式（d）。

这些一般性关系正好相当于古希腊几何学中的公理、定理和由它们推导出来的诸多命题，相信这一点大家都能很容易看出来。因此，代数学中对一般性关系的研究是非常重要的课题，这一点不言而喻。

然而，有必要在这里进行特别强调的是，与希腊人不同，印度人并没有很好地整理他们在几何学方面的成果，对于一般性关系的认识也并不完全。因此，虽然这些一般性关系相当于公理、定理和命题，但是这不过是从今人的视角将

它们与古希腊几何学的构成比较之后得出的结果，这一点必须铭记。

阿拉伯的数学

公元 7 世纪，阿拉伯半岛上忽然兴起了伊斯兰教。阿拉伯人手持刀剑与《古兰经》，以破竹之势征服四邻。8 世纪中叶，他们就建立了横跨亚、非、欧三大洲的阿拉伯帝国。此时欧洲的封建制度逐渐强化，人们几乎完全丧失了自由创作的意志。因此，这一时期的欧洲人可谓已经完全丧失了保存璀璨古代文化并且传承给下一代的能力。与此相反，在阿拉伯帝国的土地上，新兴的阿拉伯人的文化却绽放出了一朵奇葩，一方面他们充分继承了希腊人的文化遗产，另一方面他们也吸取了印度人的文化。

在数学方面，阿拉伯人以拥有非常广博的学识为荣。但是，在独创性这一点上，他们却并没有做出大的成绩。关于这一点，甚至有人称阿拉伯人不过是接收了古希腊和印度的数学，然后仅仅是把它们传承下来了而已。这种言论确实是不当的，阿拉伯人在数学史上的地位绝不仅仅是作为传承者，这一点是可以肯定的。

阿拉伯人认为，古希腊的几何学和印度的代数学可以友好并存。其结果是，二者的特征，即"量"和"数"逐渐融合，最终结成可以"互帮互助"的关系。也就是说，并非谁的发明，也不知从何开始，量就被作为数来计算，方程中有了几何学的影子。这件事作为数学史上的一个事实，绝对不容忽视。

例如，阿拉伯著名的数学家花剌子米（约 780—约 850）在解二次方程

$$x^2 + 6x = 16$$

时，所用解法如下。

首先，画一个边长为 $x+3$ 的正方形（图 2.4）。该正方形的面积为

$$x^2 + 2 \times 3x + 3^2 = x^2 + 6x + 9$$

这通过观察图 2.4 可以得知。现在，如果这个 x 是所求的数字，则必须满足：

$$x^2 + 6x = 16$$

上面的正方形的面积满足：

$$x^2 + 6x + 9 = 16 + 9 = 25 = 5^2$$

则该正方形的边长为 5。

因此

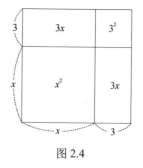

图 2.4

$$x + 3 = 5$$

可得

$$x = 2$$

这个方法有一个缺点，就是不能求出用印度人的方法肯定会出现的"负根"①。然而，估计不管是专攻代数形式计算的印度人，还是习惯使用作图法的希腊人，可能都不会想出上述方法吧。之前讲过，希腊人的几何是"代数几何"，但也只是说它"相当于代数学的几何学理论"，并不是说希腊人以方程为对象，为解开方程而想出了这样的方法。可以说，在"两种数学分支相融合"的点上才能体现阿拉伯人的重要作用。

花剌子米著有《代数学》（又译作《还原与对消之书》），这本书中包含两个"一般性法则"。

移项的法则：

$$若 A + B = C ，则 A = C - B$$

同类项合并的法则：

$$3ab - 5ab + 4ab = (3 - 5 + 4)ab$$
$$= 2ab$$

此外，阿拉伯有一句古话："数学掌握在天文学家手中。"大概正因为如此，三角测量法才能在阿拉伯备受推崇。

符号的用途

随着代数学的发展与进步，其所应用的方程自然也从二次方程、三次方程到四次方程逐渐递增下去。然而，进入 16 世纪，在方程的一般解法被发现之前，实际上人们经历了各种各样的曲折。在发现三次方程解法的人中，有一个人大家可能都听说过，就是卡尔达诺（1501—1576），他对此思考了相当久。并且据称，他最终还是没能发现解法，而是从其他人那里学来的。

当方程的次数增加到三次、四次时，解起来确实变得麻烦了，就连卡尔达诺这样优秀的人花了很长时间也未发现解法。这里列举几个我们推测的、妨碍了相关研究的原因。

首先就是当时所采用的运算"符号"。当时一位非常优秀的学者——意大利的数学家邦贝利（1526—1572）将

$$\sqrt{7 + \sqrt{14}}$$

───────────

① 上面方程的根除了 2，还有一个是 −8。

写作

$$P\chi q \lfloor 7pP\chi q14 \rfloor$$

其中 $P\chi q$ 为平方根，$\lfloor \rfloor$ 为括号，p 为加号。在他的著作中，

$$P\chi q \lfloor P\chi cP\chi q68p2mP\chi c68m2 \rfloor$$

表示的是（$P\chi c$ 为立方根，m 为减号）

$$\sqrt{\sqrt[3]{\sqrt{68}+2} - \sqrt[3]{68}-2}$$

像上面这种风格的麻烦公式被发现不止有一个。虽然说这种符号如果一直使用的话，大家也一定会逐渐习惯，但是不管怎么说，它不便于阅读这一点是无法否认的。如果尝试使用这种符号解二次方程，解题过程就会非常烦琐。这个例子充分说明了，拙劣的符号会让一切看起来相当复杂。

有的人会说，符号这种东西根本不重要，重要的是概念。虽然这句话确实有一定的道理，但是如果让所有的符号都从这个世界上消失的话，难道还有什么文明是可以留存的吗？文字是一种符号，语言也是一种符号。正因为符号如此不可或缺，所以它的良莠对我们的影响绝对是不容忽视的。可以说符号原本就具有实用性。语言、文字、徽章代表着不同的含义，这些符号的作用是把这些含义简单易懂地传达给人们。因此，能更加有效地发挥这种作用的符号就是更好的符号。

一般方程的导入

使得对方程的研究变得困难的原因还有一个，即到 16 世纪初时，人们虽然有二次方程、三次方程等观念，但是像我们现在这样的

$$x^2 + ax + b = 0$$

或者

$$x^3 + ax^2 + bx + c = 0$$

用字母作为系数的"**一般二次方程**""**一般三次方程**"等写法是没有的。

如今，我们像下面这样解二次方程。

例如解一般二次方程

$$x^2 + ax + b = 0$$

先求它的根：

$$x^2 + ax + \left(\frac{a}{2}\right)^2 = \left(\frac{a}{2}\right)^2 - b$$

$$\left(x + \frac{a}{2}\right)^2 = \frac{a^2 - 4b}{4}$$

$$x + \frac{a}{2} = \pm\frac{\sqrt{a^2 - 4b}}{2}$$

$$x = \frac{-a \pm \sqrt{a^2 - 4b}}{2} \qquad （7）$$

如果现在给出一个具体的方程

$$x^2 - 11x + 30 = 0$$

在式（7）中的 a 处代入 -11，b 处代入 30，根

$$x = \frac{11 \pm \sqrt{11^2 - 4 \times 30}}{2} = 5或6$$

就可以立马得到。

16 世纪初，人们对于

$$x^2 - 11x + 30 = 0$$

可以用和上面一样的计算步骤，即

$$x^2 - 11x + \left(\frac{-11}{2}\right)^2 = \left(\frac{-11}{2}\right)^2 - 30$$

$$\left(x - \frac{11}{2}\right)^2 = \left(\frac{11}{2}\right)^2 - 30$$

$$x - \frac{11}{2} = \pm\frac{\sqrt{11^2 - 4 \times 30}}{2}$$

$$x = 5或6$$

今天的解法和上面的解法的不同之处在于，对于一般方程，只需要提前进行一次上面的计算，当解有具体数字的一般方程时，不需要一遍又一遍地重复中间的求解过程，只需要把 a、b 的具体值代入式（7）的求根公式中，就可以计算出根。

或许有的人认为，一般方程的作用并没有那么大。然而实际上，有没有一般方程可以说是有本质上的区别的，这一点必须铭记。为了更加清楚地说明这一情况，下面我们解三次方程。

首先，假设有方程

$$x^3 - 6x^2 + 11x - 6 = 0$$

通过下面的步骤很容易就可以求出它的根：

$$x^3 - 6x^2 + 5x + 6x - 6 = 0 \qquad （8）$$

$$x(x^2 - 6x + 5) + 6(x - 1) = 0 \qquad （9）$$

$$x(x - 1)(x - 5) + 6(x - 1) = 0 \qquad （10）$$

$$(x - 1)[x(x - 5) + 6] = 0 \qquad （11）$$

$$(x - 1)(x^2 - 5x + 6) = 0 \qquad （12）$$

$$(x - 1)(x - 2)(x - 3) = 0 \qquad （13）$$

由此可得

$$x = 1、2 \text{ 或 } 3$$

现在，我们思考一下下面这个方程：

$$x^3 + 6x^2 + 11x - 6 = 0$$

这个方程和上面的方程之间唯一的区别就是 $-6x^2$ 变成了 $6x^2$，因此看起来解这个方程时完全可以使用与解上面的方程相同的方法。但实际尝试这样去解时，我们却发现行不通。比如，以同样的方法从式（8）变换到式（9），从式（9）变换到式（10）时，$(x-1)$ 就变成了 $(x+1)$，而从式（10）根本就不能变换到式（11）。其原因究竟为何？

实际上，并非有什么复杂的原因。说起来，不过就是因为上述解法只适用于最初的方程。

一直到 16 世纪初，想必人们都是像这样一次又一次地反复尝试，想要找到能适用于所有方程的通用解法。

$$x^3 + ax^2 + bx + c = 0$$

这个一般方程的作用，在这种情况下愈发明显。问题在于，

$$x^3 - 6x^2 + 11x - 6 = 0$$

运用上述解法成功求解，到底是由于该方程的"个性"，还是由于上述解法是没有个性的一般解法。

方程的"个性"不用多说，自然是来自 −6 或 11 这样的"系数"的特异性。所谓一般三次方程，就是舍弃系数的一切特异性而得到的可称为"三次方程代表"的东西。如果某个解法对于一个三次方程可以成功求解，并且它是没有个性的，那么它必定也可以通用于一般三次方程。

反过来说，很明显，一般方程的解法是所有方程都可以通用的（参考一般二次方程的解法）。因此，要找到一般方程的解法，只要找到一般三次方程的解法就可以了。单独解开每个方程，然后一个个地尝试解法是否通用于所有方程，和这种劳动付出相比，"一般方程的导入"节省的计算工作量不得不说是不

容忽视的。虽然看起来它的引入很细微，但是产生的效果非常显著。

数学中有一大"信条"是把所有东西都"符号化"。对于解三次方程来说，就是不止步于仅仅持有一般三次方程的观念，而是将它符号化，引入一般三次方程

$$x^3 + ax^2 + bx + c = 0$$

其效果是，一开始我们只不过是创造了每个三次方程的"代表"而已，但是到最后这个"代表"本身存在的意义愈发重要。于是，像上文所说的那样，以这样的"代表"为新的对象进行的形式上的计算，适用于所有的三次方程，成了"计算的代表"。

在数学领域，这样的事情不断在发生。通常被称为"公式"的东西，正是来自这样的"一般观念的符号化"。因此，可以说求得一般方程后，人类在数学上实现了一次阶段性的进步。一般认为，最先求得一般方程的人是韦达（1540—1603）。他是 16 世纪下半叶最伟大的数学家之一。他对于方程的诸多卓越研究，以及在几何学领域为数众多的成果①，都说明他拥有异于常人的头脑。

若二次方程

$$x^2 + ax + b = 0$$

的两个根为 α、β，则

$$\alpha + \beta = -a, \alpha\beta = b$$

若三次方程

$$x^3 + ax^2 + bx + c = 0$$

的 3 个根分别为 α、β、γ，则

$$\alpha + \beta + \gamma = -a, \ \alpha\beta + \beta\gamma + \gamma\alpha = b, \ \alpha\beta\gamma = -c$$

成立。这就是所谓"根与系数的关系"，是由韦达推导出来的（虽然并非全部）。一般认为，在当时，他是完成这件事的第一人。

---

① 比如，他把圆周率（圆周长与直径之比）正确计算到小数点后第 9 位：3.141592653…。

第三章

画出来的数——笛卡儿的几何学

数与图形的统一

"点""直线""曲线""圆""角"等几何学概念，对 17 世纪初的数学家来说早已成为常识，他们已经能够熟练地使用这些概念。

今天我们所使用的

$$+、-、\times、=、\sqrt{}、>$$

等符号，一般认为是在这个时代固定下来的。不仅如此，"负数"这个一直难以被接受的概念，到了这个时代终于和"正数"有了几乎相同的地位。

据说对这个时代的人们来说，几何学是非常烦琐的，而新兴的代数学也是非常拘泥于形式且乏味的。一般认为，哲学家笛卡儿（图 3.1）是当时头脑十分聪明的人。但是，连他都对几何学和代数学表达过这样的感想："无论是古代人类的几何学，还是近代人类的代数学，在我看来，它们都是非常抽象的，只与没有任何实际作用的事情相关。如果只是这一点也就罢了，前者还仅限于观察图形，完全没有训练到想象力，而如果不把想象力训练到极度疲乏，是不可能对提高理解能力有帮助的。后者因为让人盲目服从若干规则与符号，所以人们不会认为凭借这门学问可以陶冶到精神，而会认为它既让人烦恼，又混杂且非常难以理解。"

图 3.1

几何学的特征正是能够观察，因此可以利用想象力这一点进行研究。代数学的特征是将符号化的算式根据规则进行计算。但是，它们貌似因为自身特征的缘故而使世人望而却步。在代数学中，存在无须具体问题具体分析就可以给出答案的计算和公式，但几何学中没有如此便利的东西，因此想要解决问题只能绞尽脑汁地思考，需要仔细观察图形以至于"让想象力极度疲乏"。另外，在几何学中，图形可以进行"观察"，然而代数学的问题仅仅是形式上的"技术"问题，所以"混杂且非常难以理解"。

保证所有问题都一定能够被解决，类似于代数学中所谓"计算"的东西，在几何学中难道就没有吗？就算费很多劲也没关系，只要一定能够解决问题的"技术"，难道不存在吗？正如之前所述，这种疑问从古希腊时代开始就深深埋藏在人们心中，跨越了将近两千年的时光。

作为对上述问题的回答，在 17 世纪，著名的解析几何学隆重登场。解析几何学是由笛卡儿和费马发明的。前文引用的笛卡儿的言论出自他的著作《方法谈》，他在这本书的附录《几何学》中阐释了解析几何学的理念。他们的根本思想被归纳为"**点的坐标**"和"**坐标之间的关系式**"这两个概念。

在平面上作一条直线 L，在直线上选择一个点 O 并固定，如图 3.2 所示。那么，过点 P 作 PH 垂直于直线 L 后得到的 PH 的长度 y 及 OH 的长度 x 这两个值被清楚地确定下来。也就是说，给定一个平面上的点 P，与给定像(x,y)一样的数对这两件事等同，因此，(x,y)从某种意义上来说应该被称为点 P 的"代理"或者"表现"。这里的(x,y)被称为点 P 的坐标。

接下来我们假设点 P 在平面上有所移动。此时，这些点的坐标与之前相比虽然变动了很多，但并非毫无章法地变动。我们可以发现，x 一旦确定，与之对应的 y 就在 P 的线路上通过固有的方法完全确定下来。换句话说，如果用算式表示该方法，就可以确定 x 与 y 之间线路上固有的"关系式"。

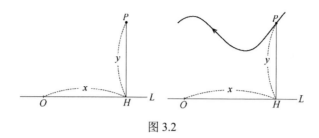

图 3.2

例如，假设点 P 的移动轨迹为直线 M。此时，直线 M 与直线 L 的交点为点 Q，令 OQ 的长度为 a，由图 3.3 可知，只要点 P、点 P' 在直线 M 上，那么 $\triangle PHQ$ 就总是与 $\triangle P'H'Q$ 相似[①]：

$$\triangle PHQ \backsim \triangle P'H'Q$$

由此可得

$$PH : QH = P'H' : QH'$$

或者令点 P' 的坐标为 (x', y')，则

$$y : (x - a) = y' : (x' - a)$$

现在，用 c 表示这个比值，那么直线 M 上的任意一点的坐标都满足

$$y : (x - a) = c$$

即

$$y = c(x - a)$$

这一关系式。相反，也可以轻易推测出来，只要一个数对(x,y)满足这个关系式，那么它对应的点就一定在直线 M 上。

诸如此类的关系式，忠实地表示着直线 M 与平面上的点之间的关系。因此，可以推测，所有已知的关于直线 M 的几何学性质，全部归纳于这个关系式中。事实上，如果给定的两条直线 M、M' 对应的关系式分别为

$$y = c(x - a), y = c'(x - a')$$

那么，两条直线的交点，也就是同时在这两条直线上的点的坐标(x,y)，正是上述两个方程共同的根。

如此一来，人们就开始期待，是不是可以通过"让点与其坐标、让图形与其关系式对应"这个方法，将几何学中的各种问题转换为代数学中的方程，甚

---

① 参见第一章。

至套用算式的变形法则呢？代数学中存在"一般性的方法"，它会把这种特征带给几何学——解析几何学就是这样诞生的。然而，笛卡儿与费马的意图并非完全一致。费马坚持几何学本位。对他而言，坐标这一思想是专门用来解决几何学问题的一种手段，因此可以说，解析几何学中使用的代数学，不过是研究几何学的一种工具。与此相反，笛卡儿的意图从某种意义上来说更高明。说得简单一些，他想在坐标这种思想的基础上，建立一门可以弥补几何学与代数学缺点的"全新的学问"。从前文引用的他的言论中也可以看出，他足够了解几何学和代数学各自的缺点，并对它们持有深深的不满。另外，他看出几何学与代数学研究的对象在某种程度上非常一致，甚至是对应的，并且相信只要巧妙地结合这些方法，就能够创造出更加强有力的方法，以对应它们相同的研究对象。

费马与笛卡儿基于各自的理论体系对解析几何学的看法存在相当大的分歧。费马沿袭前代的传统，他认为能书写的关系式必须得是"同次式"。也就是说，他认为 x、y 等字母表示线段，x^2、xy、y^2 等表示面积，x^3、x^2y 等表示体积，因此，$x^2 = ay$ 这类方程是没问题的，但是 $x^2 = y$ 这类方程是没有意义的。他认为，代数学依旧相当受限制。

然而，笛卡儿认为无论是长度、面积还是体积，都只是一个数值，因此它们全部都可以用线段的长度来表示，也可以平等地相加或者比较。所以，在他看来，任意关系式都可以被自由地书写，被书写出来的关系式也能够自由地成为图形的关系式。笛卡儿的这个想法具有不可忽视的重要意义。因为笛卡儿不仅想到了"用代数学的方法研究几何学"这一思路，他还重新建立了代数学，并且成功地给代数学的各个要素赋予了几何学的性质。换言之，笛卡儿以全新的观点给代数学重新奠定了基础，并且以坐标为手段，将代数学和几何学合二为一。

如此看来，他如愿以偿地将代数学与几何学统一在一个思想之下，从而创建了一门新的学问，其兼具技巧性与直观性的特点。解析几何学没有拘泥于古希腊几何学。它是承载着"数与图形的统一"这一重要数学意义的全新的学问。

点的坐标与两点之间的距离

接下来介绍解析几何学的基础知识。我们从重新正确阐述点的**坐标**的定义开始。

在平面上作两条互相垂直的直线，并且事先统一长度单位，两条直线的交点设为点 O。这两条直线分别称为"x 轴"和"y 轴"，如图 3.4 所示。

点的坐标的确定方法如下。首先，从给定的点 P 出发作线段 PH 垂直于 x 轴，垂足为点 H，用事先确定好的单位来测量线段 OH 的长度。如果点 H 在点 O 的右侧，则线段 OH 的长度为 m；如果点 H 在点 O 的左侧，则线段 OH 的长度前要加上负号。同样，过点 P 作 PK 垂直于 y 轴，垂足为点 K，测量线段 OK 的长度，如果点 K 在点 O 的上方，则线段 OK 的长度为 n；如果点 K 在

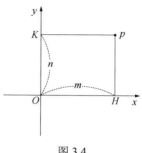

图 3.4

点 O 的下方，则线段 OK 的长度前要加上负号。这样得到的数对 (m,n) 正好是点 P 的坐标。并且，m、n 分别被称为点 P 的"x 坐标"和"y 坐标"。

如此一来，任意一点都一定拥有坐标，相反，任意的数对 (m,n) 也都一定是特定的点的坐标。例如，假设有 $(-3,2)$ 这一数对。那么，首先从点 O 出发，往左 3 个长度单位，并作一条垂直于 x 轴的直线。其次，从点 O 出发，往上 2 个长度单位，并作一条垂直于 y 轴的直线。上面所作的两条直线的交点的坐标就正好为 $(-3,2)$。显然，除此之外没有其他点符合上述要求。

从这种意义上说，我们用"点 (a,b)"来表示坐标为 (a,b) 的点。接下来，我们尝试用坐标这一思想来求已知位置的两个点之间的距离。如图 3.5 所示，假设点 P、Q 为给定的两点，其坐标分别为 (x_1, y_1)、(x_2, y_2)。由图 3.5 可知：

$$PR = x_1 - x_2 \text{（或 } x_2 - x_1\text{）}$$

$$RQ = y_1 - y_2 \text{（或 } y_2 - y_1\text{）}$$

另外，$\triangle PRQ$ 为直角三角形，因此，根据勾股定理可得

$$PQ^2 = PR^2 + RQ^2$$

将上面的值代入该等式，则可以得到

$$PQ^2 = (x_1 - x_2)^2 + (y_1 - y_2)^2$$

将其开平方后可得

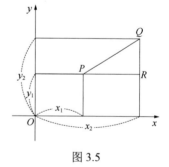

图 3.5

$$PQ = \sqrt{(x_1 - x_2)^2 + (y_1 - y_2)^2}$$

这就是所求的两点之间的距离公式。也就是说，根据点 P、Q 的位置（即坐标），可以用上述公式计算出点 P、Q 间的距离。

直线的方程

我们曾经讲过与直线相对应的"坐标关系式"，如果用现在的方法重新讲述之前已经讲过的东西，则如下所示。

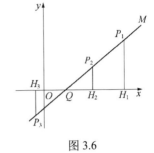

图 3.6

首先，如图 3.6 所示，直线 M 与 x 轴相交于点 Q，其坐标为 $(a,0)$[①]。那么，对于直线 M 上的任意两点 P_1、P_2，都满足

$$\triangle P_1QH_1 \backsim \triangle P_2QH_2$$

所以，自然有

$$\frac{P_1H_1}{QH_1} = \frac{P_2H_2}{QH_2}$$

在这里，令点 P_1、P_2 的坐标分别为 (x_1, y_1)、(x_2, y_2)，重新书写上述等式可以得到

$$\frac{y_1}{x_1-a} = \frac{y_2}{x_2-a}$$

因为对于直线 M 上任意一点 (x,y)，$y:(x-a)$ 都是一定的，其值用 c 代替则可得等式：

$$y = c(x-a)$$

相反，若某一点 P' 的坐标 (x', y') 满足此关系式：

$$y' = c(x'-a) \tag{1}$$

那么，直线 $P'H'$（垂直于 x 轴）与直线 M 的交点 P'' 的 x 坐标仍然是 x'。现在，令其 y 坐标为 y''：

$$y'' = c(x'-a) \tag{2}$$

由式（1）、式（2）可得，$y' = y''$，这表明点 P' 与点 P'' 一致，即点 P' 在直线 M 上。由此可以确定对应直线 M 的关系式为

$$y = c(x-a)$$

在这里，从 c 与

$$\frac{y}{x-a}$$

---

① 显然点 Q 的 y 坐标为 0。

相等的意义上考虑可以知道，c 就等于 $\angle PQH$ 的正切值（图 3.7）。c 被称为直线 M 的"**方向系数**"或者"**斜率**"。$\angle PQH$ 为 x 轴绕点 Q 逆时针方向旋转到与直线 M 重合时形成的角，这一点需要事先记住。

必须铭记，上述论断是在以下两个默认的假设下才成立的：

（1）直线 M 与 x 轴相交；

（2）能够形成像 $\triangle PQH$ 一样的三角形。

因此，如图 3.8 所示，在情况一直线 M 平行于 x 轴，以及情况二直线 M 平行于 y 轴时上述论断是不成立的。

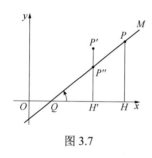

图 3.7

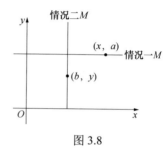

图 3.8

需要注意，在情况一下，直线 M 上的点的 y 坐标总是一定的，因此与之对应的关系式的形式为

$$y = a$$

同样，在情况二下，与之对应的关系式的形式为

$$x = b$$

上面所说的"与图形对应的关系式"被称为图形的**方程**。对于方程而言，原本的图形被称为其**轨迹**或**图像**。例如，与 x 轴交于点 $(a, 0)$，且与 x 轴所成夹角的正切值为 c 的直线的方程为

$$y = c(x - a)$$

该方程对应的轨迹就是原来那条直线。

从上面的内容我们可以知道，直线的方程在任何情况下都是关于 x、y 的一次方程，即任意一条直线一定拥有以下形式之一的方程：

$$x = a$$

$$y = b$$

$$y = c(x - a)$$

我们也可以知道，实际上任意一个一次方程

$$\alpha x + \beta y + \gamma = 0 \tag{3}$$

的轨迹都是一条直线。下面我们思考以下情况。

将式（3）看作关于 x、y 的方程，因此，自然可假定 α、β 中至少有一个不为 0。下面分 3 种情况来考虑。

（1）$\alpha = 0$，$\beta \neq 0$。

（2）$\alpha \neq 0$，$\beta = 0$。

（3）$\alpha \neq 0$，$\beta \neq 0$。

首先，在情况一下，方程变成了 $\beta y + \gamma = 0$，即

$$y = -\frac{\gamma}{\beta}$$

这正是过点 $\left(0, -\dfrac{\gamma}{\beta}\right)$ 且平行于 x 轴的直线的方程。

在情况二下，同样可以得到

$$x = -\frac{\gamma}{\alpha}$$

其轨迹必然是一条平行于 y 轴的直线。

在情况三下，方程为

$$y = -\frac{\alpha}{\beta}\left(x + \frac{\gamma}{\alpha}\right)$$

这是一条与 x 轴相交于 $\left(-\dfrac{\gamma}{\alpha}, 0\right)$，且与 x 轴所成夹角的正切值为 $-\dfrac{\alpha}{\beta}$ 的直线的方程。

综上所述，我们可以知道，不论何种情况，一次方程的轨迹都必然是一条直线。那么如何求经过已知位置的两个点 P、Q 的直线的方程呢？令点 P、Q 的坐标分别为 (x_1, y_1)、(x_2, y_2)。如果 $x_1 = x_2$，则所求的直线与 y 轴平行，显然其方程为 $x = x_1$，因此事先假设 $x_1 \neq x_2$。同理，事先假设 $y_1 \neq y_2$。根据前面的内容我们可以知道，此时，所求的直线方程应该为

$$y = c(x - a)$$

这样的形式①。此处，考虑到 (x_1, y_1)、(x_2, y_2) 应该满足上述方程，可得

$$y_1 = c(x_1 - a)$$
$$y_2 = c(x_2 - a)$$

接着，将上述两个等式左右两边各自相减，可以得到

———————————

① 此时 c 可以不为 0。如果 c 为 0，则该直线就是 x 轴，违反了 $y_1 \neq y_2$ 的假设。

$$y_1 - y_2 = c(x_1 - x_2)$$

即

$$c = \frac{y_1 - y_2}{x_1 - x_2}$$

将上述等式代入 $y_1 = c(x_1 - a)$ 或者以下等式

$$a = x_1 - \frac{y_1}{c}$$

结果都一样，可以得到

$$a = x_1 - \frac{x_1 - x_2}{y_1 - y_2} y_1$$

因此，在这里可以求出方程 $y = c(x - a)$ 中的所有未知部分，

$$y = \frac{y_1 - y_2}{x_1 - x_2} \left(x - x_1 + \frac{x_1 - x_2}{y_1 - y_2} y_1 \right)$$

或

$$y - y_1 = \frac{y_1 - y_2}{x_1 - x_2} (x - x_1)$$

就是所求的方程。如果给定两个点 P、Q，通过它们的坐标 (x_1, y_1)、(x_2, y_2)，就可以立马求得连接这两点的直线的方程。

当两条直线平行时，它们的方程是如何体现这一点的呢？

如果其中一条直线的方程为 $x = a$ 的形式，则该直线平行于 y 轴，因此另一条直线也必须平行于 y 轴，则该直线的方程为 $x = a'$ 的形式。同理可得，如果其中一条直线的方程为 $y = b$ 的形式，则另一条直线的方程必须得是 $y = b'$ 的形式。只要两条直线的方程互相存在这样的关系，那么它们一定是平行的。

因此，若两条直线 L、L' 互相平行，且直线 L 的方程的形式为

$$y = c(x - a) \quad （c \neq 0） \tag{4}$$

则 L' 的方程的形式必然为

$$y = c'(x - a') \quad （c' \neq 0） \tag{5}$$

在这种情况下，因为直线 L、L' 分别与 x 轴形成的角是相等的，所以它们的正切值 c 与 c' 也是相等的。

结合正切的定义很容易确认，如果正切值相等，那么其对应的角也相等。由此可知，如果给出两条直线 L、L' 的方程分别为式（4）、式（5），若 $c = c'$，

则可以知道，直线 L、L' 分别与 x 轴形成的角是相等的。这就意味着，直线 L、L' 是互相平行的。

最终，式（4）、式（5）对应的直线互相平行，是通过

$$c = c'$$

来表现的。那么，两条直线 L、L' 相交形成的角为直角，也就是两条直线正交，这两条直线的方程又是如何体现这一点的呢？

如果其中一条直线的方程为 $x = a$ 的形式，则该直线平行于 y 轴，因此另一条直线一定平行于 x 轴，那么该直线的方程一定为 $y = b$ 的形式。同理可得，如果其中一条直线的方程为 $y = b$ 的形式，那么另一条直线的方程一定为 $x = a$ 的形式。如果两条直线的方程存在上述关系，则这两条直线必定正交。

一般情况下，设两条直线正交，一条直线的方程的形式为

$$y = k(x - a) \quad (k \neq 0) \tag{6}$$

另一条直线的方程的形式为

$$y = k'(x - a') \quad (k' \neq 0) \tag{7}$$

并且，此时如图 3.9 所示，过两条直线的交点 A 作 x 轴的垂线 AH，在 $\triangle ABH$ 和 $\triangle CAH$ 中，

$$\angle CHA = \angle AHB = 90° \tag{8}$$

因为

$$\angle ABH + \angle HCA = 90° \tag{9}$$

$$\angle CAH + \angle HCA = 90° \tag{10}$$

所以

$$\angle ABH = \angle CAH \tag{11}$$

同理可得

$$\angle HCA = \angle BAH \tag{12}$$

由式（8）～式（12）可得

$$\triangle ABH \backsim \triangle CAH$$

由此可得

$$AH : CH = BH : AH$$

即

$$\frac{AH}{CH} \cdot \frac{AH}{BH} = 1$$

这里又考虑到

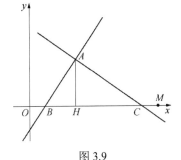

图 3.9

$$-\frac{AH}{CH} = \tan \angle ACM = k$$

$$\frac{AH}{BH} = \tan \angle ABH = k'$$

可以得到

$$kk' = -1$$

反向推导这一推论，可以非常容易得出：如果 $kk' = -1$，则两条直线 L、L' 正交。因此，方程为式（6）、式（7）的两条直线正交可以用

$$kk' = -1$$

这个公式来表示。

圆周的方程

《几何原本》中对于"圆"的定义："所谓圆，就是其内部一定点到其上任何一点的距离都相等的曲线围成的平面图形。"定义中的一定点就是"圆心"，相等的距离为"半径"，那条曲线正是所谓的"圆周"。

下面，试求圆周的方程。圆心 Q 的坐标记作 (a,b)，半径为 r，圆周上的一点 P 的坐标记作 (x,y)，如图 3.10 所示，则根据勾股定理可得

$$QR^2 + RP^2 = PQ^2$$

又

$$QR = x-a（或 a-x）$$
$$RP = y-b（或 b-y）$$
$$PQ = r$$

代入上式，得到

$$(x-a)^2 + (y-b)^2 = r^2$$

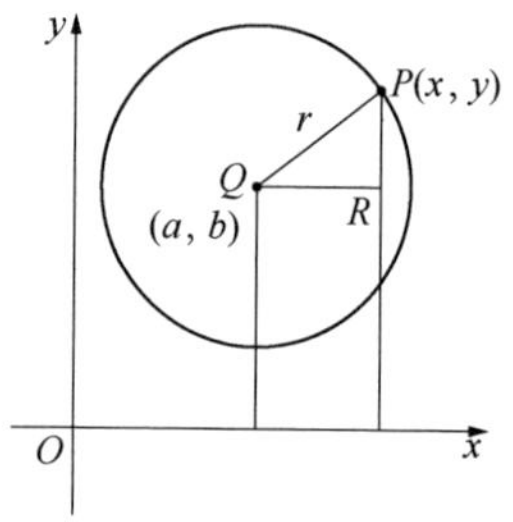

图 3.10

圆周上的任意一点的坐标都满足该等式。

例如，如果点 P' 的坐标 (x',y') 满足该等式，则根据"两点间的距离公式"

$$QP' = \sqrt{(x'-a)^2 + (y'-b)^2}$$

若 QP' 正好等于 r，则点 P' 必然在圆周上。

最终，我们可以知道，圆心坐标为 (a,b)、半径为 r 的圆周的方程为

$$(x-a)^2 + (y-b)^2 = r^2 \qquad (13)$$

而圆的内部点的坐标满足

$$(x-a)^2 + (y-b)^2 < r^2 \qquad (14)$$

圆的外部点的坐标满足

$$(x-a)^2 + (y-b)^2 > r^2 \qquad (15)$$

必要条件与充分条件

根据前文可知，如果式（4）和式（5）两个方程对应的两条直线互相平行，则等式 $c=c'$ 成立。换言之，从

两条直线互相平行

这一命题出发，必然能够使得

$$c = c'$$

这一命题成立。

一般来说，像这样有两个命题，在从其中一个命题出发必然可以推出另一个命题的情况下，称后面的命题所表示的事实是前面的命题所表示的事实成立的"**必要条件**"，而称前面的命题所表示的事实是后面的命题所表示的事实成立的"**充分条件**"。

" $c=c'$ "是"以式（4）、式（5）为方程的两条直线平行"的必要条件，而"以式（4）、式（5）为方程的两条直线平行"是" $c=c'$ "的充分条件。

有句话是这样说的，"有形的事物，早晚会消失"。在这句话中，"有形的事物"是"早晚会消失"的充分条件，相反，"早晚会消失"是"有形的事物"的必要条件。

然而有的时候，给出的两个命题中一个命题既是另一个命题的必要条件，又是另一个命题的充分条件。比如，最初举的例子正是这种情况，如果方程为式（4）、式（5）的两条直线平行，则 $c=c'$ ；相反，如果 $c=c'$ ，则方程为式（4）、式（5）的两条直线平行。这种情况下，我们用这样的话来表示： $c=c'$ 是方程为式（4）、式（5）的两条直线平行的"**充分必要条件**"。

这句话正是用来形容两个命题完全同等的，不管说其中哪一个，效果都一模一样。那么，用这个专门的术语，可以非常快捷明了地陈述轨迹与方程之间的关系。

我们知道，圆的方程为

$$(x-a)^2 + (y-b)^2 = r^2 \qquad (16)$$

对该方程进行分析，可以发现两种情况：情况一是点位于圆周上，则其坐标 (x,y) 满足式（16）；情况二是点的坐标满足式（16），则该点位于圆周上。显然， (x,y)

满足式（16）是以它为坐标的点位于圆周上的充分必要条件。

以下为进一步补充的注意事项。当给出"若为 A 则为 B"这种命题时，"若为 B 则为 A"这一形式的命题被称为原来命题的"**逆命题**"。同理，"若非 A 则非 B""若非 B 则非 A"则分别被称为原来命题的"**否命题**"和"**逆否命题**"。

一般来说，即使原来的命题是真命题，其逆命题或否命题也不一定是真命题。比如，"雪是白色的"这一命题可以解释成"若是雪，则是白色的"，其逆命题"若是白色的，则是雪"和否命题"若不是雪，则不是白色的"显然不是真命题。"若为 A 则为 B"这一命题中，"为 B"是"为 A"的必要条件，而其逆命题"若为 B 则为 A"并不一定是真命题，这意味着必要条件并不一定就是充分条件。同理可以得知，充分条件也并不一定就是必要条件。

下面这一点则非常容易得到证明，即逆否命题与原来的命题有相同的真假性。例如，"若是雪，则是白色的"这一命题如果是真命题，那么它的逆否命题"若不是白色的，则不是雪"也是真命题。后者为真命题则前者必然也为真命题，即若原来的命题成立，则其逆否命题也成立；若逆否命题成立，则原来的命题也成立。

用解析几何学处理问题

到目前为止，本章介绍的是如何将几何学概念"翻译"成"代数学语言"。下面通过一个例子来看这些概念是如何被应用在具体问题的求解中的。

问题：证明过 △ABC 的各个顶点所作的垂直于其对边的垂线交于一点[①]。

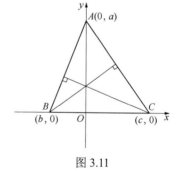

图 3.11

如图 3.11 所示，以直线 BC 为 x 轴，过点 A 所作 BC 的垂线为 y 轴。点 A、B、C 的坐标分别为 $(0,a)$、$(b,0)$、$(c,0)$。注意，这里的 b 与 c 是不同的数。因为如果 $b=c$，就意味着点 B 与点 C 一致。

那么，直线 AC 的方程为

$$y = -\frac{a}{c}x + a$$

① 即"垂心"的定义，三角形中 3 条垂线相交的点被称为三角形的垂心。

且直线 AB 的方程为

$$y = -\frac{a}{b}x + a$$

因此，与这两条直线垂直的直线的方程必定分别为

$$y = \frac{c}{a}(x - a_1) \tag{17}$$

$$y = \frac{b}{a}(x - a_2) \tag{18}$$

的形式。

若式（17）是过点 B 作的 AC 边上的垂线的方程，则$(b,0)$一定满足该方程，所以将 b 代入 x、0 代入 y，可得

$$a_1 = b$$

同理，若式（18）是过点 C 作的 AB 边上的垂线的方程，则$(c,0)$一定满足该方程，可得

$$a_2 = c$$

因此，3 条垂线的方程分别为

$$y = \frac{c}{a}(x - b) \quad \text{（过点 } B \text{ 所作 } AC \text{ 边上的垂线）} \tag{19}$$

$$y = \frac{b}{a}(x - c) \quad \text{（过点 } C \text{ 所作 } AB \text{ 边上的垂线）} \tag{20}$$

$$x = 0 \quad \text{（过点 } A \text{ 所作 } BC \text{ 边上的垂线）} \tag{21}$$

此处试解式（19）和式（20）两个方程。首先，将方程左右两边相减，可得

$$\left(\frac{c}{a} - \frac{b}{a}\right)x - \frac{bc}{a} + \frac{bc}{a} = 0$$

即

$$\frac{c-b}{a}x = 0$$

又因为 $b \neq c$，所以显然

$$x = 0$$

将上式代入式（19），可得

$$y = -\frac{bc}{a}$$

这意味着,过点 B 所作 AC 边上的垂线与过点 C 所作 AB 边上的垂线在 y 轴上,交过点 A 所作 BC 边上的垂线于点 $\left(0, -\dfrac{bc}{a}\right)$。因此,3 条垂线相交于一点。

以上内容基本上就是解析几何学的全部要点。从上面的例子可以看出,无须在图形上努力作辅助线,只需要进行形式上的计算,就能得出答案。这样做的确是非常方便的。

一般来说,这世上不可能有什么方法只有优点没有缺点。这个方法虽然"万能",但作为代价,它的缺点就是需要大量的计算,甚至有的时候也会存在应用别的方法更加快捷、便利的情况。

笛卡儿与费马

无论是笛卡儿还是费马,都是他们那个时代为数不多的"知识分子"。笛卡儿有一句哲学名言"我思故我在",他认为所有的真理都有可能"和在睡梦中看到的场景一样不真实"。然而,他怀疑一切真理,却唯独不怀疑"我思故我在"这个命题,他以这一命题作为其哲学思想的基础。因提出"无前提"这一要求,他被视为在哲学领域开辟了新时代的人。

另外,除了解析几何学以外,费马也涉猎了"极大极小问题",他还使用与今日的微积分非常相似的方法求图形的面积。他甚至还与帕斯卡一道分析赌博是否能够获利的问题,也因此成为今日概率统计理论的先驱。在数论这个领域,无论怎么说,费马都是一枝独秀。毫不夸张地说,这一数学分支的各个方面几乎都是他的首创。

简而言之,就是在像

$$1, 2, 3, 4, \cdots, 100, \cdots$$

这样的**自然数**的相关理论方面,他好像有着异常准确的直觉,在这方面他留下了许多"光辉业绩"。他所留下的各种各样的命题,多数都是没有得到证明的,甚至有些内容在人们知道了各种各样的原因后,对他当初究竟是怎么预想到的还是觉得不可思议。

证明他留下来的命题这件事,即使是对后世一流的数学家来说,也是格外辛苦的。其中有历经 300 多年才得到证明的命题。比如被称为"费马大定理"的命题,即"如果 n 是比 2 大的自然数,则满足

$$x^n + y^n = z^n$$

这一等式的非零自然数 x、y、z 是不存在的"。直至今日，围绕这个命题依旧有着各种各样的"传说"。

本来，能够满足

$$x^2 + y^2 = z^2$$

的非零自然数 x、y、z 有很多。由勾股定理可以知道，解这个方程实际上就是找边长为非零自然数的直角三角形。一般来说，满足该条件的三角形被称为"毕达哥拉斯三角形"。边长分别为 3、4、5，5、12、13，8、15、17 的三角形就是实际的例子，这一点非常容易得到确认。费马认为，将

$$x^2 + y^2 = z^2$$

中的 2 换成 3 及以上的自然数后，满足这个等式的非零自然数 x、y、z 就不存在了。

他在他爱不释手的图书（丢番图的《算术》）的页边空白处写道："对此我已经找到了一个绝妙的证明方法，但是这里的空白太窄了，写不下。"此后很久的一段时间，人们都致力于找到这个证明方法进而各处查证。几乎可以确定，不管怎么看，费马大定理都是一个没有错误的命题，然而直到 1995 年才被成功证明。

圆锥曲线

古希腊人研究的平面图形不仅限于圆和直线。特别是所谓的"二次曲线"（又称**圆锥曲线**），已经被他们研究到细微之处。圆锥曲线是在圆锥的切面上所呈现的曲线。

希腊人不仅研究了平面上的图形，他们也相当深入地研究了立体图形。之前说过，《几何原本》的最后 3 卷讲的是立体图形。希腊人研究的主要对象是正四面体、正六面体等正多面体，他们对于这些图形的研究精细至极。特别是《几何原本》的最后一卷，也就是第十三卷中精彩地证明了"正多面体只有正四面体、正六面体（即正方体、立方体）、正八面体、正十二面体、正二十面体这 5 种类型"（图 3.12），这一命题即使用今天的方法，也是相当难以证明的。

圆锥早就成为希腊人研究的对象了。虽然不清楚他们到底是从什么时候开始研究圆锥的，但是如果考虑到棱锥与金字塔有关，自古以来就被世人研究，以及圆锥本身是让人感到非常自然的一种图形等情况，圆锥成为他们的研究对象也就不足为奇了。

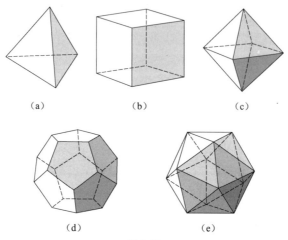

（a）　　　　　　（b）　　　　　　（c）

（d）　　　　　　（e）

图 3.12

　　柏拉图的弟子梅内克缪斯被认为是有组织地开始研究圆锥曲线的第一人。据说，他利用圆锥曲线的相关知识解决了被称为"倍立方问题"（提洛岛[①]问题）的难题。这个问题是"作一个立方体，使之体积为给定的立方体的 2 倍"。围绕这个问题有一个传说。相传有一段时间，提洛岛上瘟疫流行，很多人都被感染了。人们对此感到苦恼，于是祈求神明。神明给出神谕："把祭坛扩大到原来的 2 倍，瘟疫就会结束。"人们喜出望外，觉得这非常简单，立即命令工匠建造新的祭坛。但是，工匠造出的新祭坛的边长是旧祭坛边长的 2 倍。仔细思考会发现，这样一来新祭坛的体积实际上就是旧祭坛的 8 倍了，不合乎神谕。于是人们开始思考，究竟要怎样做才能造出体积为旧祭坛 2 倍的新祭坛。

　　这个问题被称为"古希腊几何三大问题"之一，今天我们知道，只允许用直尺和圆规（合称尺规）作为工具的话，这个问题大概是无法解答的。我们不清楚梅内克缪斯究竟是如何利用圆锥曲线解答这个问题的。实际上，除尺规之外，如果允许使用圆锥曲线，那么从理论上说，这个问题是可以解答的。

　　用平面切割圆锥，将其切法根据所观测到的正、侧面进行分类，如图 3.13 所示，可分成 3 类。

　　图 3.13（a）所示是平面与圆锥的所有母线相交时的情况；图 3.13（b）所示是除了一条特别的母线之外，平面与其余所有母线相交时的情况；图 3.13（c）所示是平面与一些母线及另一些母线的延长线相交时的情况。显然，除了以上 3 种情况之外，没有其他情况。

---

① 爱琴海上的岛屿。

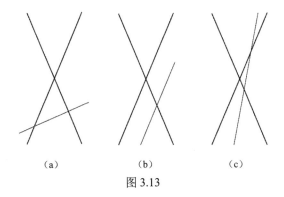

（a） （b） （c）

图 3.13

　　图 3.14（a）、图 3.14（b）、图 3.14（c）所示的圆锥曲线分别被称为椭圆、抛物线和双曲线。需要格外注意的是，双曲线对应的不是图 3.14（c）中两条单独的曲线，而是两条曲线合在一起的整体。

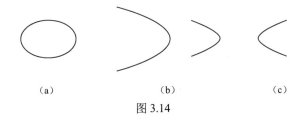

（a） （b） （c）

图 3.14

圆锥曲线理解方式的变迁

　　在很长一段时间内，梅内克缪斯可能一边在脑海里想象着古代的希腊人为了研究圆锥曲线，首先像上面一样画出圆锥，然后用平面去切割圆锥的情景，一边进行推论。

　　研究圆、三角形之类的图形时不需要涉足任何立体图形，与此相对，同样是平面图形，圆锥曲线却需要用立体图形来进行研究，极为不便。因此，古人自然而然会致力于让圆锥曲线能够仅以平面图形为基础进行研究。

　　古希腊数学家阿波罗尼奥斯（约公元前 295—约前 215）几乎达成了这一目标。因为他知道"椭圆是由到两个定点的距离之和为定值的所有点构成的"，以及"双曲线是由到两个定点的距离之差为定值的所有点构成的"。图 3.15（a）、图 3.15（b）分别展示了椭圆和双曲线。

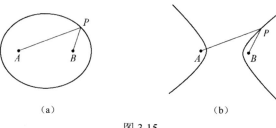

（a）   （b）

图 3.15

另外，至于抛物线（图 3.16），他表示，令适当的直线 l 与抛物线的交点为 A，过抛物线上任意一点 P 作垂直于直线 l 的垂线 PH，总是有：

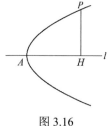

$$\frac{PH^2}{AH} = 定值$$

根据他得出的这一结论，圆锥曲线仅在平面中就可以得到定义。毫无疑问，圆锥曲线的研究因此变得简单了。

图 3.16

阿波罗尼奥斯也是 "ellipse"（椭圆）、"parabola"（抛物线）、"hyperbola"（双曲线）这些词汇的创造者。这些词汇原本的意思分别是"不足""一致""过剩"，换言之，就是像"大中小""上中下"一样的词汇。如图 3.17 所示，分别对 3 种圆锥曲线作一条直线 l，ω 为具有某一特征的量，阿波罗尼奥斯得出，在图形中，x、y 之间分别存在

$$y^2 < \omega x$$
$$y^2 = \omega x$$
$$y^2 > \omega x$$

的关系，因此如此命名圆锥曲线。

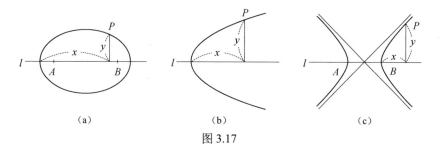

（a）   （b）   （c）

图 3.17

除此之外，他还将自己和前辈们的力作集成，创作出《圆锥曲线论》8 卷。

尽管如此，阿波罗尼奥斯并未将3种圆锥曲线之间的相互关系解释清楚，因此这种理解是极其不充分的。同样是给出定义，同一系统下的东西的定义就应该能够展示它们之间的关系。然而按照他的理论，确实可以理解椭圆、抛物线和双曲线，据此进行平面几何学性质的定义也变得可能，但是他并没有告诉大家为什么这3种曲线被归在圆锥曲线的名下。不仅如此，在他的理论中，抛物线遭到了严重的"排挤"。

500年后，帕普斯（约290—约350）发现了一种绝妙的定义。定义内容为："圆锥曲线是由一定点与一定直线之间的距离之比为定值的所有点构成的图形。根据比例是大于1、等于1，还是小于1，分别称其为双曲线、抛物线和椭圆。"这确实可谓一种非常巧妙的理解方式。在之后的一千多年中，都没有比它更胜一筹的理解方式出现。

上面我们讲的是，古希腊和其后的时代中人们对圆锥曲线的理解方式。当然，在那段时间中，人们对于圆锥曲线本身的各种性质也颇有了解。阿波罗尼奥斯的《圆锥曲线论》中就整理了很多圆锥曲线的性质，流传到了后世。下面我们将话题切换到17世纪前半叶。在这个时代中，几何学经历了重大的革命。所有几何学的性质都可以通过图形的"方程"用代数的形式来表示，圆锥曲线也不例外，即将圆锥曲线以前所未有的"方程"角度进行重新审视的时代到来了，其结果非常有趣。

根据解析几何学，圆锥曲线的方程都是关于x、y的二次方程，相反，任意的二次方程

$$ax^2 + bxy + cy^2 + dx + ey + f = 0$$

的轨迹除了特殊例子外，全都是圆锥曲线。在这里，我们可以举出以下3种特殊例子，如

$$x^2 + y^2 + 1 = 0, 5x^2 + 6 = 0$$

等完全没有轨迹，以及

$$x^2 + y^2 = 0, 4x^2 + 5y^2 = 0$$

等的轨迹仅由一点构成，甚至还有

$$xy = 0, x^2 = 0$$

等的轨迹只是两条或者一条直线。只要除去这3种例外，那么圆锥曲线就是二次曲线。

阿波罗尼奥斯和帕普斯对于圆锥曲线的理解方式终究是基于几何学性质的，而基于解析几何学的理解方式完全是基于代数性质的，它远离就事论性质的命题，这一点具有非常重大的意义。

圆锥曲线的方程

接下来，我们将阿波罗尼奥斯对于圆锥曲线的理解作为他对于圆锥曲线的定义，试由此求圆锥曲线的方程。

首先求椭圆（图 3.18）的方程。根据阿波罗尼奥斯的理解，椭圆由到两定点 A、B 距离之和为定值的所有点构成。现在，以直线 AB 为 x 轴，过 AB 的二等分点 O 作一条直线垂直于 AB，并以它为 y 轴。

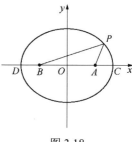

图 3.18

若椭圆上的点为点 P，则

$$PA + PB = 定值$$

为了方便，让等式右边的定值为 $2a$（$a>0$），显然这就是图 3.18 中线段 CD 的长度。

现在，设点 A、B、P 的坐标分别为 $(\omega,0)$、$(-\omega,0)$、(x,y)，根据前面的距离公式

$$\sqrt{(x-\omega)^2 + y^2} + \sqrt{(x+\omega)^2 + y^2} = 2a \ （\omega > 0） \tag{22}$$

可得

$$\sqrt{(x-\omega)^2 + y^2} = 2a - \sqrt{(x+\omega)^2 + y^2}$$

将等式左右两边各平方两次，则

$$(a^2 - \omega^2)x^2 + a^2 y^2 = a^2(a^2 - \omega^2)$$

又因为 $a > \omega > 0$，所以 $a^2 > \omega^2$，$a^2 - \omega^2$ 可以开平方。因此，令

$$b = \sqrt{a^2 - \omega^2} \ (b > 0)$$

将其代入上式，可得

$$\frac{x^2}{a^2} + \frac{y^2}{b^2} = 1 \tag{23}$$

相反，若存在满足等式（23）的点，从下往上推导刚才的计算，会再次得到式（22），因此可以确定该点位于椭圆之上。也就是说，式（23）是椭圆的方程。注意，它的确是关于 x、y 的二次方程。

然后求双曲线的方程。根据阿波罗尼奥斯的理解，双曲线为"由与两定点 A、B 距离之差为定值的所有点构成"，如图 3.19（a）所示。在这里，同椭圆的情况一样，也将该定值设为 $2a$，然后进行与上面完全相同的计算，可以很容易得到其方程

$$\frac{x^2}{a^2} - \frac{y^2}{b^2} = 1\,(a > 0,\ b > 0)$$

最后求抛物线的方程。正如之前讲过的那样，阿波罗尼奥斯发现，对抛物线取一条适当的直线 l，该直线与抛物线的交点为点 O 时，从抛物线上的任意一点 P 开始作垂直于直线 l 的垂线 PH，则

$$\frac{PH^2}{OH} = 定值$$

现在，以直线 l 为 x 轴，以在点 O 处垂直于直线 l 的直线为 y 轴。如图 3.19（b）所示，令点 P 的坐标为 (x,y)，上述等式右边的定值为 a。那么，上面的等式正是

$$y^2 = ax\,(a > 0)$$

这就是抛物线的方程。需要注意，不管是双曲线还是抛物线，其方程都同椭圆的方程一样，为二次方程。

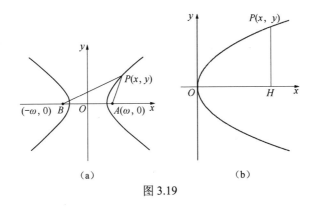

（a）　　　　　　　　（b）

图 3.19

圆锥曲线理解方式的统一

这里研究的是阿波罗尼奥斯对圆锥曲线的理解方式与帕普斯对圆锥曲线的理解方式之间的关系。首先研究椭圆的情况，如图 3.20 所示。我们在前文已经得到如下公式：

$$\sqrt{(x-\omega)^2+y^2}+\sqrt{(x+\omega)^2+y^2}=2a \qquad (24)$$

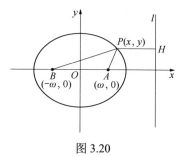

图 3.20

现在，对等式两边都乘

$$\sqrt{(x+\omega)^2+y^2}-\sqrt{(x-\omega)^2+y^2}$$

可得

$$\left(\sqrt{(x+\omega)^2+y^2}\right)^2-\left(\sqrt{(x-\omega)^2+y^2}\right)^2=2a\left(\sqrt{(x+\omega)^2+y^2}-\sqrt{(x-\omega)^2+y^2}\right)$$

$$(x+\omega)^2-(x-\omega)^2=2a\left(\sqrt{(x+\omega)^2+y^2}-\sqrt{(x-\omega)^2+y^2}\right)$$

$$4\omega x=2a\left(\sqrt{(x+\omega)^2+y^2}-\sqrt{(x-\omega)^2+y^2}\right)$$

$$\sqrt{(x+\omega)^2+y^2}-\sqrt{(x-\omega)^2+y^2}=2\frac{\omega}{a}x \qquad (25)$$

由式（24）减式（25）可得

$$\sqrt{(x-\omega)^2+y^2}=a-\frac{\omega}{a}x$$

根据距离公式可知等式左边等于 PA，因此可得

$$PA=a-\frac{\omega}{a}x$$

这里，考虑到直线 l 的方程为

$$x=\frac{a^2}{\omega}$$

过点 P 作垂线 PH，则可以得到

- 58 -

$$\frac{PA}{PH} = \frac{a - \dfrac{\omega}{a}x}{\dfrac{a^2}{\omega} - x} = \frac{\omega}{a}$$

等式右边为一个定值且小于 1。因此，在这里可以像帕普斯一样得出结论"椭圆由一定点（A）与一定直线（l）之间距离之比小于 1 的定值的所有点构成"。

在双曲线的情况下，也完全可以像这样进行推论，故此处省略推论过程。

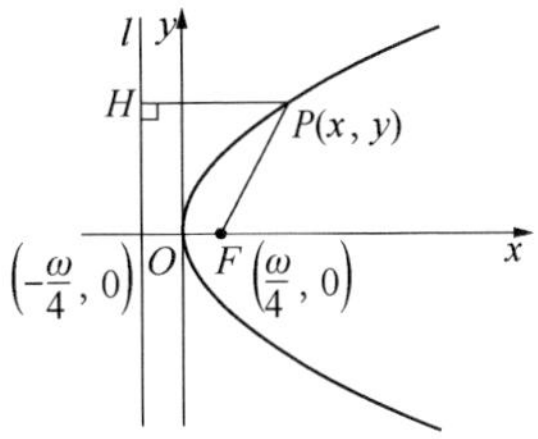

图 3.21

接下来，对抛物线（图 3.21）的情况进行研究，我们得到了以下方程：

$$y^2 = \omega x$$

现在，令点 F 的坐标为 $\left(\dfrac{\omega}{4}, 0\right)$，直线 l 的方程为

$$x = -\frac{\omega}{4}$$

过点 P 作垂直于直线 l 的垂线 PH，则立马可以得到以下等式：

$$\frac{PF}{PH} = \frac{\sqrt{\left(x - \dfrac{\omega}{4}\right)^2 + y^2}}{x + \dfrac{\omega}{4}} = \frac{\sqrt{\left(x - \dfrac{\omega}{4}\right)^2 + \omega x}}{x + \dfrac{\omega}{4}} = 1$$

这正是帕普斯所谓的"抛物线由一定点（F）与一定直线（l）的距离之比为 1 的所有点构成"。

综上所述，我们已经可以确认，阿波罗尼奥斯所认为的椭圆、双曲线和抛物线分别就是帕普斯所认为的椭圆、双曲线和抛物线。前文中，我们是以阿波罗尼奥斯的理解作为椭圆等圆锥曲线的定义为出发点的。另外，我们可以将帕普斯的理解作为椭圆等圆锥曲线的定义，或者将圆锥曲线是圆锥的切面上所呈现的曲线作为定义。

我们已经充分了解到，即使采用阿波罗尼奥斯或者帕普斯的理解作为定义，最终也和采用圆锥曲线是圆锥的切面上所呈现的曲线作为定义的结果一模一样。由此，我们可以得到：

帕普斯对圆锥曲线的理解

圆锥切面上所呈现的曲线

阿波罗尼奥斯对圆锥曲线的理解

据此我们可以观察到，不管选择哪一种定义，结果终归是一样的，绝对不会产生分歧。并且，我们确认了，圆锥曲线的方程都是二次方程。但是，之前也提到过，经证明，作为更加一般的结果，任意二次方程

$$ax^2 + bxy + cy^2 + dx + ey + f = 0 \qquad (26)$$

的轨迹，除了特殊情况一定都是圆锥曲线。

运用解析几何学的方法时，设定 x 轴、y 轴具有一定程度的任意性，这一点或许已经非常明显。因此，对方程的轨迹来说，如果选择更加适合的轴，就有可能得到比之前更简单的方程。事实上，在该规则下寻找合适的轴，则只要轨迹不是点或者直线，其方程将归结为以下形式之一：

$$\frac{x^2}{a^2} + \frac{y^2}{b^2} = 1 \qquad (27)$$

$$\frac{x^2}{a^2} - \frac{y^2}{b^2} = 1 \qquad (28)$$

$$y^2 = \omega x \qquad (29)$$

以上方程的轨迹分别为椭圆、双曲线和抛物线。

式（26）这种未经处理的方程比较麻烦，但是当其被归结为式（27）～式（29）形式的方程时，其形式则变得浅显易懂。在这样的情况下，通过解析几何学使得代数学几何学化可谓意义非凡。

第四章

作切线——微分法与极限的概念

切线的作法

众所周知，圆的切线就是与圆只有一个公共交点的直线。希腊人对此进行了细致的考察。《几何原本》的第三卷中也对其有所论述。

根据简单的考察可以确定，圆的切线一定是与圆的直径垂直相交的。因此，过圆上的一点 P 作切线，只需要首先作过点 P 的直径，再作一条在点 P 处垂直于直径的直线即可（图 4.1）。

当我们仔细观察圆的切线时就会发现，它是具有与圆"在某一点紧贴"或者"一瞬间互相接触"性质的直线。然后，从这种角度来看，我们可以发现其他各种曲线也拥有具有这样性质的直线（图 4.2）。因此，我们将这样的直线称为曲线的"**切线**"，就像圆的切线一样。

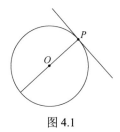

图 4.1

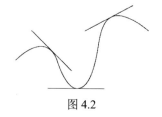

图 4.2

然而如此一来立马会产生一个问题，即如何作其他曲线的切线。一般认为，模仿对圆的切线的理解，也将其他曲线的切线理解为"与曲线只有一个公共交点的直线"，只要思考满足该条件的直线的作法即可。该思考方式最终难免招致否定。其原因在于，采用该思考方式，对于椭圆等曲线确实是成功的，但是对抛物线来说，就会同时包含"奇怪"的直线，如图 4.3（a）所示。并且，对图 4.3（b）中的曲线而言，直线 l 虽然确实是点 P 处的切线，但如果采用上面的思考方式，就会被遗漏。

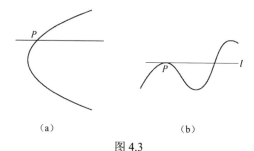

（a）　　　　　　　　　（b）

图 4.3

因此，必须思考出其他作曲线切线的方法。需要注意，圆的切线有以下显著的性质。首先，在圆上取两个点 P、Q，用直线连接这两个点。那么，当点 Q 无线接近点 P 时，直线 PQ 也就无限接近点 P 处的切线。这种性质显然在其他曲线上也是一样的（图 4.4）。

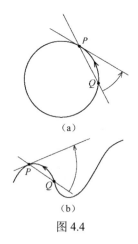

（a）

那么，如果能够巧妙运用这个性质，就可以作出切线了，即问题就变成了：究竟要如何利用这一性质，使用合理的方法作切线，而不是使用目测的方法。

（b）

图 4.4

费马的方法

费马（图 4.5）对抛物线作出了大致如下的切线。

首先，如图 4.6 所示，取 x 轴和 y 轴，设想要作切线的点 P 的坐标为 (a,b)。因为抛物线的方程为

$$y^2 = mx$$

所以

$$b^2 = ma$$

图 4.5

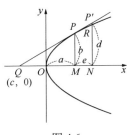

图 4.6

设所求切线与 x 轴的交点 Q 的坐标为 $(c,0)$。

现在，在这条切线上取接近点 P 的一点 P'，其坐标为 $(a+e,d)$，因为点 P' 的位置在曲线的上方，显然[①]

$$d^2 > m(a+e) \tag{1}$$

在 $\triangle PQM$ 与 $\triangle P'QN$ 中，

$$\angle PMQ = \angle P'NQ = 90°$$

因为 $\angle PQM$ 是公共角，所以

$$\angle QPM = \angle QP'N$$

最终可得到

$$\triangle PQM \backsim \triangle P'QN$$

因此

---

① $d = P'N > RN$, $RN^2 = m(a+e)$。

$$\frac{PM}{P'N} = \frac{QM}{QN}$$

由此可知

$$\frac{(a-c)^2}{(a+e-c)^2} = \frac{QM^2}{QN^2} = \frac{PM^2}{P'N^2} = \frac{b^2}{d^2} < \frac{a}{a+e}$$

换一种方式书写，即

$$(a-c)^2 a + (a-c)^2 e < a(a-c)^2 + 2ea(a-c) + ae^2$$
$$(a-c)^2 e < 2ea(a-c) + ae^2$$

对不等式两边同时除以 e 得

$$(a-c)^2 < 2a(a-c) + ae \qquad (2)$$

假设 $e=0$，即若点 P' 与点 P 一致，也就意味着点 P' 在抛物线上，式（1）就成了等式。因此在这种情况下，式（2）最终可以化简为

$$(a-c)^2 = 2a(a-c)$$
$$a-c = 2a$$
$$-c = a$$

可以知道，这里的 QO 与 OM 是相等的。因此，只要求 x 轴上的点 Q，使得 $QO = OM$，连接点 Q 与点 P，就可以作出点 P 处的切线。

笛卡儿得知费马的这个方法后，不知为何误解了其内容，对该方法进行了激烈的抨击。这里不对其详细过程进行赘述，结果是费马改良了他的表述，新的表述如下。

因为只要点 P' 无限接近点 P，那么点 P' 就应该和点 P 一样在抛物线上，所以

$$\frac{(a-c)^2}{(a+e-c)^2} = \frac{QM^2}{QN^2} = \frac{PM^2}{P'N^2} = \frac{b^2}{d^2}$$
$$= \frac{ma}{m(a+e)} = \frac{a}{a+e} \qquad (3)$$

由此可得

$$(a-c)^2 = 2a(a-c) + ae$$

因为点 P 与点 P' 无限接近，所以 $e=0$，则可以得到以下结果：

$$-c = a$$

显而易见，通过这个方法的确能够作出切线。费马的这种思考方式，显然是站在"切线就是连接无限接近的点 P 与点 P' 的直线"这一立场上的。然而，仔细思考就会发现，不得不说这是一种非常奇妙的思考方式。因为根据费马的

方法，最初使用时，由于 e 不等于 0，据此推算，点 P 与点 P' 是分开的。然而，后来费马又令 $e=0$，那么点 P 与点 P' 必须一致。

实际上，这一奇妙之处正是他的方法的核心所在。如果一开始就令 $e=0$，那么式（3）会变成

$$\frac{(a-c)^2}{(a-c)^2} = \frac{a}{a}$$

就推导不出任何东西。

这一点恐怕费马本人也会觉得非常不可思议吧。

下面我们再次考察圆上点 P 处的切线。此时，我们取点 P 以外的另一个点，即点 Q，然后，让点 Q 逐渐接近点 P，可以发现直线 PQ 无限接近于点 P 处的切线（图 4.7）。

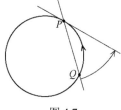

这样，不管是谁都会认为点 P 处的切线就是连接点 P 与无限接近点 P 的点 Q 的直线。

尽管费马的表述尚有改进的余地，但是他的确准确地看清了切线的真面目，并且提出了作切线的方法之一。但是，他并没有考虑把这个方法应用在作其他曲线的切线上，实际上，这样做的确有一些不方便。

图 4.7

巴罗的方法

不久，巴罗（1630—1677）最终几乎决定性地推进了作切线的方法，虽然他的方法只是比费马的方法稍微好一点。

按照巴罗的方法，在曲线上的点 P 处作曲线的切线，甚至连切线的"方向系数"（直线与 x 轴所成的角的正切值）都不需要知道。巴罗认为，为了确定切线的方向系数，首先要取无限接近点 P 的一点 P'，然后作出直角三角形 $PP'R$[①]（图 4.8），只需要计算出

$$\frac{RP'}{PR}$$

的值即可。显然，他与费马一样，认为点 P 处的切线就是连接点 P 与无限接近该点的点 P' 之间的直线。

为了弄清楚他的方法的要点，我们尝试用上述方法作抛物线的切线。将点

① 这样的三角形已经被帕斯卡等人用于论证切线的性质，但是巴罗直接将其用在求方向系数的算法中。

P 的坐标记作(a,b)，将点 P'的坐标记作 $(a+e,b+f)$（图 4.9）。

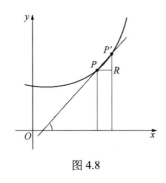

图 4.8

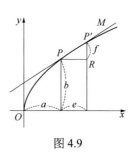

图 4.9

因为抛物线的方程形式为

$$y^2 = mx$$

所以，一定可以得到

$$b^2 = ma$$
$$(b+f)^2 = m(a+e)$$

因此，连接点 P 与点 P'形成的直线，即切线的方向系数为

$$\frac{RP'}{PR} = \frac{f}{e}$$

令 c 为该方向系数

$$b^2 + 2fb + f^2 = b^2 + me$$
$$2fb + f^2 = me$$

$$\frac{f}{e} = \frac{m - \dfrac{f}{e}f}{2b}$$

$$c = \frac{m - cf}{2b}$$

又因为点 P'是无限接近点 P 的，所以可以令

$$f = 0$$

则最终所求的方向系数为

$$\frac{m}{2b}$$

上述方法显然也存在着与费马的方法一样的难点，但是，也能非常容易确认，使用这个方法同样可以作出正确的切线。巴罗的方法与费马的方法相比，

巧妙之处在于使用他的方法时能够更简单地作出很多曲线的切线。后面我们也会说到,一般来说,我们将作切线或计算切线的方向系数之类的方法,称为"**微分法**"。

如果巴罗进一步将其方法系统化,发现一些一般法则的话,他应该会成为微分法的创始人。然而实际上,不久之后创立的微分法不仅本身与他的方法没有什么大的差别,而且前文所谓的"无限接近"这一点在理论上的难点,也在很长一段时间内没有得到解决。

这一点对巴罗来说是相当可惜的,而创立微积分的功劳最终归属于莱布尼茨和他的弟子牛顿,没有他什么事。

牛顿的流数术

哥白尼(1473—1543)提出日心说后,人们才逐渐认识到地球是围绕太阳旋转的一个天体,太阳是无数恒星之中的一颗。牛顿(图 4.10)发现,世间万物之间都存在互相吸引的力,并称之为"万有引力"。他认为引发天体运行的,正是万有引力。

图 4.10

牛顿思考该问题时使用的重要数学手段就是被他称为"流数术"(即微积分)的方法。它其实就是我们这里要介绍的"切线的作法"。关于该方法,他的陈述如下。在想要作切线的曲线上取点 P 和点 Q,两点不重合。再如图 4.8 所示,取 x 轴和 y 轴,作直角三角形 PRQ(图 4.11),使得该三角形的两条直角边分别平行于 x 轴与 y 轴。那么,直线 PQ 的方向系数为

$$\frac{QR}{PR}$$

现在,如果让点 Q 无限接近点 P,则方向系数将随之变化,但是当点 Q 与点 P 一致的瞬间,方向系数应该是一个固定值,这个值正是点 P 处切线的方向系数。

本质上,牛顿的方法与"连接点 P 与无限接近点 P 的点 Q 之间的直线就是切线"这一巴罗的理解方式是一致的,在逻辑结构上并没有大的改良。但是,该方法采用了表现其过程的"无限接近"的描述,因而可以说该方法更加具有

说服力。

通过下文我们可以了解到,上述方法不仅在研究天体的运动时发挥着作用,在记述普通物体的运动时也发挥着重要作用。

现在,假定某个物体正在运动,我们尝试着用坐标图(图4.12)表示每个时刻该物体与出发点的距离。如果连接时刻 t、s 对应的曲线上的点 P、Q,则直线 PQ 的方向系数为

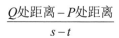

$$\frac{Q\text{处距离} - P\text{处距离}}{s-t}$$

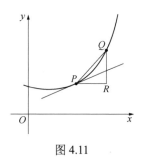

图 4.11

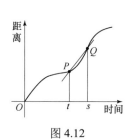

图 4.12

这与时刻 t 到 s 之间物体的平均速度相等。速度本来就是每时每刻都在变化的,如果时间的间隔 $s-t$ 太大,那么平均速度就没有什么重要的意义了。然而,如果让 s 无限接近 t,那么平均速度应该就能逐渐精确地表示物体在 t 时刻的运动速度。并且,到最后一定可以说它就是 t 时刻的速度。

牛顿将我们称为"速度"的原本模糊不清的概念,像这样理解成"切线的方向系数",并且将其作为自己的理论基础。

他对流数术本身进行系统论述是在创立流数术几年之后,但是他发表用这个方法建立起来的牛顿运动定律是在《自然哲学的数学原理》(简称《原理》)一书中。这本书的写作方式效仿了《几何原本》,据说这样做的目的是便于当时的人们理解。

一般认为,在科学史上,很少有图书能够像这本书一样影响深远并且得到高度评价。实际上,在相对论与量子力学等学说出现之前,一直都是《原理》这本书在"支配着宇宙"。

莱布尼茨的微分法

在发现"作切线的方法"这件事上,有一位重要人士与牛顿"争先恐后",

他就是莱布尼茨（图4.13）。他是德国最伟大的哲学家之一，并且在数学领域，他与牛顿都独自发现了"作切线的方法"。甚至有人说，实际上牛顿与莱布尼茨之间在这件事的"先发权"上有一些冲突，这最终甚至导致英国的学会与欧洲大陆的学会闹僵。受这件事影响，英国的数学发展"至少落后了一个世纪"。然而历史事实是，他们的发现是各自独立进行的，且一般认为牛顿的发现稍早一些。

图 4.13

莱布尼茨的方法虽然大体上基于巴罗的方法，但是因为有方便使用的符号，以及包含很多有用的公式，所以可以说莱布尼茨的方法相较于牛顿的方法，给当今数学带来的影响更加深远。后文也会提到，我们今日所用的这方面的符号，基本上都来自莱布尼茨。他将该方法称为**"微分法"**。这是当今使用最普遍的名称。说起切线，它好像没有什么特别之处，但是数学的一大分支——解析几何学就是从切线发展起来的。

函数的概念

下面，我们简单讲一下微分法的基础部分。因为本章的主题是给曲线作切线，所以首先必须弄清楚曲线的概念。这就需要用到**函数**的概念。

首先，我们尝试思考下列算式：

$$x^2 + x + 1$$

在这个算式中，令 $x = 1$，其结果为

$$1^2 + 1 + 1 = 3$$

令 $x = 2$，则其结果为

$$2^2 + 2 + 1 = 7$$

令 $x = -3$，则其结果为

$$(-3)^2 + (-3) + 1 = 7$$

不管是哪个数字，只要将其代入，以这个算式为媒介，一定可以得到一个结果。于是，我们可以知道，算式

$$x^2 + x + 1$$

对于任意一个数字都给出了规则，让一个数字与之对应。

这种情况与算式

$$y = \sin x$$

相同。比如，在该算式中令 $x = 30°$，则其结果为 $y = \sin 30° = \dfrac{1}{2}$；令 $x = 45°$，则其结果为 $\dfrac{\sqrt{2}}{2}$；令 $x = 60°$，则其结果为 $\dfrac{\sqrt{3}}{2}$。该算式与 $x^2 + x + 1$ 的不同之处在于，在 $\sin x$ 的情况下，能代入的 x 的范围在 $0°$ 到 $180°$ 之间[①]。

像这样，在数的集合中，对每一个数都给定规则，让它有一个数与之对应的情况，我们将规则本身称为定义在数的集合上的"**函数**"。例如，$x^2 + x + 1$ 是定义在所有数的集合上的函数，$\sin x$ 是定义在 $0° \leqslant x \leqslant 180°$ 的数的集合上的函数。

然而，对于算式

$$y = \sin x$$

我们也可以将其解释为对 x 套上 $\sin$ 的规则得到的答案为 y。例如，对于算式

$$\frac{1}{2} = \sin 30°$$

可以理解为对 $30°$ 套上 $\sin$ 这个规则得到的答案为 $\dfrac{1}{2}$。从这种观点来看，我们可以认为由 $\sin x$ 这个式子所定义的上述函数，也可以用 "$\sin$" 这个符号自身来表示。

于是，我们将这种符号推广至一般情况，用 f 或者 g 等单个符号来表示其他各种各样的函数，根据规则把与 x 相对应的 y 用

$$f(x) \text{ 或者 } g(x)$$

等来表示。从上述 $\sin$ 的例子来看，可以将其写作

$$fx \text{ 或者 } gx$$

但是，为了便于理解，我们加上了括号。

假设给定了一个函数

$$y = f(x)$$

首先在平面上确定好 x 轴与 y 轴。现在，从函数 f 定义的数的集合中一个一个地取出 $x_1, x_2, x_3, \cdots$，求函数对应的值 $y_1, y_2, y_3, \cdots$（图 4.14）：

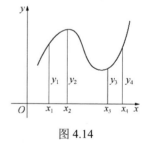

图 4.14

---

① 实际上，x 等于任意实数时 $\sin x$ 都有相应值，但是本书未对此进行介绍。

$$y_1 = f(x_1)$$
$$y_2 = f(x_2)$$
$$y_3 = f(x_3)$$
$$\cdots$$

根据$(x_1,y_1),(x_2,y_2),(x_3,y_3),\cdots$，在平面上描点作图，则可以得到一条曲线。这就是函数 f 所谓的"**图像**"。例如，前面的函数

$$y = x^2 + x + 1$$
$$y = \sin x$$

的图像如图 4.15 所示。

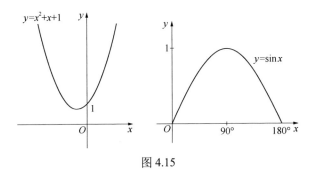

图 4.15

由此可见，如果给出了函数的图像，函数的样子就可以一目了然，即当给出函数 f 的图像时，比如如果想知道 x_1 对应的 y_1 的值，只需要在图像上找到横坐标为 x_1 的点，观察一下其纵坐标即可（图 4.16）。

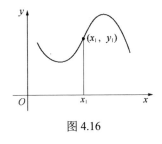

图 4.16

那么，当给出平面上的一条曲线时，根据该曲线，是否能够确定一个函数呢？事实上，在有些情况下确实是有可能的。也就是说，过 x 轴上的各点$(x,0)$作垂直于 x 轴的垂线时，如果垂线与曲线总是只相交一次的话［图 4.17（a）］，通过规定各个交点的纵坐标为 $f(x)$，可以确定一个函数 f。当然，如果情况与图 4.17（b）所示的一样，那么就没有办法确定函数。

为了方便，这里事先规定，后文只要说到曲线，就一定是指像图 4.17（a）中那样的可以称为函数图像的曲线。

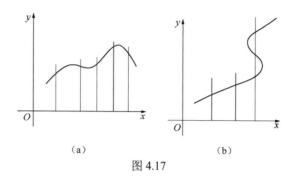

（a）　　　　　　　　（b）

图 4.17

导函数及其性质

思考函数

$$y = f(x)$$

的图像（图 4.18）。一般将函数图像上坐标为 $(a, f(a))$ 的点 P 处的切线的方向系数记作

$$f'(a)$$

牛顿用以下方法来求方向系数。首先，在函数图像上取另一个点 Q，令其坐标为 $(b, f(b))$，则直线 PQ 的方向系数为

$$\frac{f(b) - f(a)}{b - a}$$

那么，当点 Q 靠近点 P 的时候，或者当 b 接近 a 的时候，点 Q 与点 P 一致的瞬间上述比值就是

$$f'(a)$$

例如，对于函数

$$y = x^2 = f(x)$$

连接函数图像（图 4.19）上的点 (a, a^2) 与点 (b, b^2) 的直线的方向系数为

$$\frac{b^2 - a^2}{b - a} = \frac{(b - a)(b + a)}{b - a} = b + a$$

让 b 接近 a，则等式右边接近 $2a$，b 与 a 一致的瞬间等式右边为 $2a$。因此，

$$f'(a) = 2a$$

那么，对于每一个 x，求 $f'(x)$，将 x 与 $f'(x)$ 对应，就形成了一个新的函数。函数 f' 可以说是从函数 f "导出来的"，因此被称为 f 的"**导函数**"。导函

数也可以写作

$$\frac{\mathrm{d}y}{\mathrm{d}x} \text{ 或 } \frac{\mathrm{d}f}{\mathrm{d}x}$$

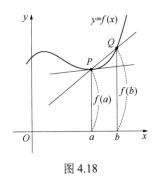

图 4.18

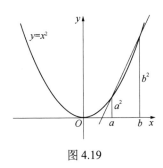

图 4.19

这是莱布尼茨发明的符号。求导函数的过程被称为"**微分**"。换言之，将 $y = x^2$ 这一函数微分可以得到 $y' = 2x$。

切线是一条与函数图像一瞬间紧密接触在接触点上的直线，因此可以说其倾斜角度与函数图像上该点的倾斜角度是相同的：如果点 P 在图像上是向右上方倾斜的，那么该点处的切线也是向右上方倾斜的；如果点 P 在图像上是向右下方倾斜的，那么该点处的切线也是向右下方倾斜的（图 4.20）。

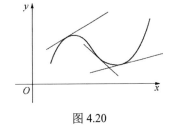

图 4.20

可以说，切线就是表示函数图像的走势，即函数值的增减的一条直线。在前文中，我们已经介绍了计算切线的方向系数的方法。下面我们尝试验证利用该方法作出的切线是否有上述性质。

需要注意的是：切线向右上方倾斜，其方向系数为正数；切线向右下方倾斜，其方向系数为负数。

首先假设

$$f'(a) > 0$$

即假设 $(a, f(a))$ 处的切线是向右上方倾斜的。根据求方向系数的方法，$f'(a)$ 为

$$\frac{f(b) - f(a)}{b - a} \tag{4}$$

中 b 无限接近 a 时的值。那么，只要 b 足够接近 a，与 $f'(a)$ 相同，式（4）的

值就必须是正数，否则就不能说它接近为正数的$f'(a)$。

若b足够接近a，则

$$\frac{f(b)-f(a)}{b-a}>0$$

从坐标轴上看，若b在a的右侧，则因为$b>a$，所以

$$f(b)-f(a)>0$$

即

$$f(b)>f(a)$$

若b在a的左侧，则因为$b<a$，所以

$$f(b)-f(a)<0$$

即

$$f(b)<f(a)$$

在几何学上，b在a的右侧意味着$f(b)$比$f(a)$高，b在a的左侧则意味着$f(b)$比$f(a)$低。因此，这样就可以确定函数图像在距离a非常近的地方是向右上方倾斜的。

同理，可以确定

$$f'(a)<0$$

时，函数图像是向右下方倾斜的。

此外，导函数被用于研究函数的"**极大值**"和"**极小值**"。若函数

$$y=f(x)$$

在a处取得极大值，也就是其图像在该点为"峰"；若函数在a处取得极小值，也就是其图像在该点为"谷"（图4.21）。严格定义如下。

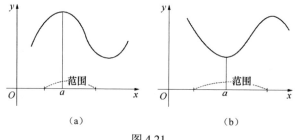

图 4.21

规定x足够接近a，对于相应范围内的所有x，若总是满足

$$f(x)<f(a)$$

则称 $y = f(x)$ 在 a 处取得"**极大值**"。将上述不等式中的"<"改为">"，就可以定义"**极小值**"。

在这里，有必要强调的是，虽然说是"形成峰"和"形成谷"，但绝对不是指"最高"和"最低"，其只是描述在一个点附近，它是最高的或者最低的而已。因此，我们必须设定一个"范围"。

关于极大值、极小值的概念，需了解的最重要的一点是，在取极大值或极小值的 a 处[①]一定满足

$$f'(a) = 0$$

这意味着这样的点处的切线是平行于 x 轴的，虽然这很容易想象，但是也可以像下面这样确认。

现在，令 a 处的值为 $y = f(x)$ 的极大值。如果满足

$$f'(a) > 0$$

则根据前面的内容，对于位于 a 的右侧且足够接近的 x，应该总是满足

$$f(x) > f(a)$$

那么，在这种情况下 a 不可能是"峰"，因此不可能满足 $f'(a) > 0$；同理，也不可能满足 $f'(a) < 0$。因此最终只可能是

$$f'(a) = 0$$

当 a 处的值为 $y = f(x)$ 的极小值时，情况也是一模一样的。

因此，对于函数

$$y = f(x)$$

如果想要找出其取得极大值或者极小值时的 x，则首先微分求其导函数 $f'(x)$，接着解方程

$$f'(x) = 0$$

只需要在方程的根中找到需要的 x 即可。

例如，在

$$y = f(x) = x^2$$

中，因为 $f'(x) = 2x$，求

$$f'(x) = 2x = 0$$

的根，可以得到 $x = 0$。

事实上，这个函数在 $x = 0$ 处取得极小值，此外没有其他的极大值或极小值点（图 4.22）。

---

① 但是，这只是表示在该处有切线，即 $f'(x)$ 能够计算。

然而，其逆命题则不一定为真命题。必须铭记，即使某个 x 满足 $f'(x)=0$，该处的值也有可能既不是极大值也不是极小值[①]。

我们来看函数

$$y = f(x) = x^3$$

该函数在 $x = a$ 处的导函数的值为

$$\frac{b^3 - a^3}{b-a} = \frac{(b-a)(b^2+ba+a^2)}{b-a}$$
$$= b^2 + ba + a^2$$

当 b 无限接近 a 时的值为 $3a^2$，因此，该函数的导函数为 $f'(x) = 3x^2$。$x = 0$ 是方程

$$f'(x) = 3x^2 = 0$$

唯一的根，但是正如图 4.23 所示，此处的值既不是极大值也不是极小值。

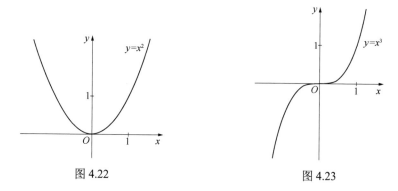

图 4.22   图 4.23

因此，求极大值或极小值时，必须一一研究满足 $f'(x)=0$ 的 x。

极限概念的诞生

上述内容仅仅是微分法的一小部分内容，相信大家已经看出来它在研究函数及其图像性质时起到了不可或缺的作用。

与微分法相反的方法（即逆运算），也就是已知导函数求原函数的方法，被称为"**积分法**"，它也因为牛顿和莱布尼茨两位数学家而为大众所熟知，该方法的实用性已被证明并流传后世。并且，随着数学的发展，我们知道将两者相结

[①] 即 $f'(x)=0$ 是在 x 处取得极大值或极小值的必要条件而非充分条件。

合的微积分比最初预想的更加有用。

但人们心中残存着一抹无法消除的不安。之所以不安，是因为导函数的定义在逻辑上非常模糊不清。在 $y = f(x)$ 的图像上，点 $(a, f(a))$ 处的切线的方向系数为

$$\frac{f(b) - f(a)}{b - a} \tag{5}$$

当 b 无限接近 a 时的值。但是，在 b 无限接近 a 的瞬间，这个值会变成 $\frac{0}{0}$。

在函数 $f(x) = x^2$ 和 $f(x) = x^3$ 中，式（5）分别是

$$\frac{b^2 - a^2}{b - a} = b + a$$

$$\frac{b^3 - a^3}{b - a} = b^2 + ba + a^2$$

这两个公式很容易简化，可以计算出终极值。但是，如果最终结果只能以比值的形式呈现呢？第一个妥善处理这一问题的人是柯西（1789—1857）。他成功的关键在于，轻易抛弃了其他人所执着的"无限接近"的观念。他说："将取不断变化的值的量称为变数……如果一个变数所取的值不断接近一个固定的值，且它们的差比给到的任意一个值都小，且不断变得更小[1]，则这个固定的值就是最初的变数的'**极限值**'。"也就是说，他并没有去研究最后的"终极"，只是着眼于过程。

那么，根据这一观念，对牛顿等人对切线方向系数的理解就可以换一种方式表述。首先，因为当 b 取不同的值时

$$\frac{f(b) - f(a)}{b - a} \tag{6}$$

也会变成不同的值，所以它是一个变数。在这里，让 b 逐渐接近 a，式（6）与切线的方向系数 $f'(a)$ 之间的差确实会总是比任意给定的值小并且越来越小。因此，$f'(a)$ 是式（6）这个变数的极限。这样一来，就根本不需要考虑 b 与 a 一致的瞬间的情况，因此像 $\frac{0}{0}$ 这样不可思议的情况正好被规避了。

本章的主题是"如何作切线"。对此，我们介绍了牛顿与莱布尼茨等人提出的符合我们观念的切线的作法，且进一步介绍了他们尚不够完美的表述经过柯

---

[1] 意思是，如果给定的值为 0.1，那么这个差比 0.1 小；如果给定的值为 0.01，那么这个差比 0.01 还小；再往下也是一样的，无论给定什么值，这个差都比它小。

西的整理得到了完善。因此，我们可以采用以下说法作为切线的定义。

函数 $y = f(x)$ 的图像上的点 $(a, f(a))$ 处的切线，就是 b 无限接近 a 时，以变数

$$\frac{f(b) - f(a)}{b - a}$$

的极限为方向系数的直线。

这里有一个地方需要注意一下。仔细观察柯西对于极限的定义，我们会发现他并没有说所有的变数都拥有极限。

图 4.24 所示图像对应的函数[1]为

$$y = f(x)$$

对于

$$\frac{f(b) - f(1)}{b - 1}$$

若 b 在 1 的右侧，该比值等于 -1；若 b 在 1 的左侧，该比值等于 1[2]。因此，该变数并不能做到当 b 接近 1 时，不断接近一个固定的值，且它们的差比给定的任意一个值都小，也就是没有极限。事实上，从图 4.24 也可以看出来，在 $x = 1$ 时，在对应的点上是没有办法作出类似于切线的一条直线的。

因此，并非所有的函数都是可微的，前文我们只涉及了可微函数。因为柯西放弃了研究如何到达终极，所以他可以冷静地观察关于极限存在的问题。

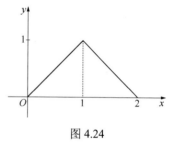

图 4.24

微分法的公式

接下来，我们会讲几个知识点以便对函数进行微分（即求导函数）。

（1）对于所有的 x，都有一个特定的数 c 与函数对应：

$$y = f(x) = c$$

此时，定数 c 的导函数等于定数 0。因为

---

[1] 这个函数在 $0 \leqslant x \leqslant 1$ 的范围内用 $y = x$ 表示，在 $1 < x \leqslant 2$ 的范围内用 $y = 2 - x$ 表示。

[2] 若 $b > 1$，则 $\dfrac{f(b) - f(1)}{b - 1} = \dfrac{2 - b - 1}{b - 1} = -1$；若 $b < 1$，则 $\dfrac{f(b) - f(1)}{b - 1} = \dfrac{b - 1}{b - 1} = 1$。

$$\frac{f(b)-f(a)}{b-a}=\frac{c-c}{b-a}=0$$

所以，这个变数的极限总是 0（图 4.25）。

（2）c 为任意数时，函数

$$y=f(x)=cx$$

的导函数等于定数 c。因为

$$\frac{f(b)-f(a)}{b-a}=\frac{cb-ca}{b-a}=c$$

所以变数的极限总是 c（图 4.26）。

（3）同上，c 为任意数时，函数

$$y=f(x)=cx^n \quad (n>1)$$

的导函数为 ncx^{n-1}。

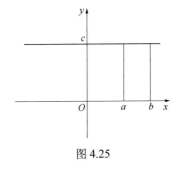

图 4.25　　　　　　　　　　图 4.26

首先，根据公式

$$a^n-b^n=(a-b)(a^{n-1}+a^{n-2}b+\cdots+ab^{n-2}+b^{n-1})$$

可以得到

$$\frac{f(b)-f(a)}{b-a}=\frac{c(b^n-a^n)}{b-a}$$

$$=\frac{c(b-a)(b^{n-1}+b^{n-2}a+\cdots+ba^{n-2}+a^{n-1})}{b-a}$$

$$=c(b^{n-1}+b^{n-2}a+\cdots+ba^{n-2}+a^{n-1})$$

显然，当 b 接近 a 时，$b^{n-1}, b^{n-2}a, \cdots, ba^{n-2}$ 都是接近 a^{n-1} 的，因此上述算式的极限等于 nca^{n-1}。因此，

$$f'(x)=ncx^{n-1}$$

（4）对于两个函数 $y=f(x)$、$y=g(x)$，思考新的函数

$$y=h(x)=f(x)+g(x)$$

这个函数称为"*f* 与 *g* 之和"。在这里，如果 *f* 与 *g* 都是可微的，那么它们的和 *h* 也是可微的，并且

$$h'(x) = f'(x) + g'(x)$$

通过以下步骤可以证明。首先

$$\frac{h(b) - h(a)}{b - a} = \frac{[f(b) + g(b)] - [f(a) + g(a)]}{b - a}$$

$$= \frac{f(b) - f(a)}{b - a} + \frac{g(b) - g(a)}{b - a}$$

当 *b* 接近 *a* 时，等式右边的第一项和第二项分别接近 $f'(a)$、$g'(a)$，因此等式左边也必须接近 $f'(a) + g'(a)$。由此可得

$$h'(x) = f'(x) + g'(x)$$

对于函数

$$y = k(x) = f(x) - g(x)$$

即"*f* 与 *g* 之差"，显然同理可得

$$k'(x) = f'(x) - g'(x)$$

那么，只要使用以上知识点，就总是可以求出

$$y = f(x) = ax^n + bx^{n-1} + \cdots + cx + d$$

形式的函数的导函数。这个函数为 $y = ax^n$，$y = bx^{n-1}, \cdots, y = cx$，以及定数 *d* 的"和"，因此

$$f'(x) = nax^{n-1} + (n-1)bx^{n-2} + \cdots + c$$

例如函数

$$y = f(x) = 5x^3 + 2x^2 + 7x + 3$$

其导函数为

$$f'(x) = 5 \times 3x^2 + 2 \times 2x + 7$$

$$= 15x^2 + 4x + 7$$

又如函数

$$y = f(x) = x^7 + x^3 + 1$$

其导函数为

$$f'(x) = 7x^6 + 3x^2$$

连续函数

在此之前，我们为了处理曲线，都假定它在各处都是"连在一起"的。然

而，必须注意一点，有的函数的图像并不一定是连在一起的（图 4.27）。

我们在计算时，有时会用到"舍弃"这一操作。例如：

7.5 的时候取 7

9.8 的时候取 9

0.2 的时候取 0

我们思考一下小数部分全都省略不计的情况。现在，对数字 x 实施舍弃操作得到 y，令各 x 对应 y，则 $x \geq 0$ 的数字的集合就会形成一个函数。其图像如图 4.28 所示，图像在 $x=1$、$x=2$、$x=3$ 等与自然数对应的地方，明显不是连在一起的。数字从 0 开始不断增大，在它还没有达到 1 时，对其实施舍弃后的结果总是 0，但是达到 1 的瞬间，它就飞跃到了 1。

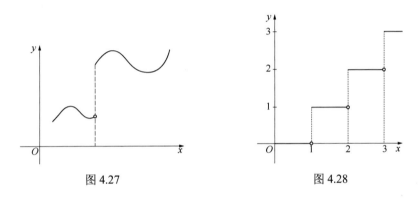

图 4.27   图 4.28

像这样，在 x 的值为 a 处，函数图像被"切断"的情况称为函数在 a 处"**不连续**"。与此相反，函数在 x 的值为 a 处是连续的情况称为函数在 a 处"**连续**"。这就表明 x 在经过 a 时，$f(x)$ 的值没有飞跃，换句话说，就是 x 在接近 a 时，$f(x)$ 也在无限接近 $f(a)$。$y=f(x)$ 在 $x=a$ 处连续，也就是指 x 在接近 a 时，$f(x)$ 的极限是 $f(a)$。

一般来说，函数 $y=f(x)$ 的 x 在接近 a 时的极限记作

$$\lim_{x \to a} f(x)$$

根据这个书写方式，$y=f(x)$ 在 $x=a$ 处连续可以写作

$$f(a) = \lim_{x \to a} f(x)$$

需要注意，连续或不连续的概念仅仅依存于作为问题研究的 a 附近函数的状态。

第五章

测量面积——面积与积分法的概念

面积是什么

在第四章出现了一个词——**积分法**。当时简单说明了它就是微分法的逆运算，但是，实际上它与面积这一概念有着非常紧密的联系。下面我们稍微改变一下话题，先简单概述一下从面积的概念出现开始到积分法产生这一过程。

我们先来看一下面积。我们知道长方形的面积是其底边与高的乘积，三角形的面积是其底边与高的乘积的一半。但是，由曲线所围成的图形的面积怎么求呢？仔细思考应该可以发现，对此我们无法给出比较准确的答案。

一般认为，面积这个词原本表示的是我们司空见惯的概念。曲线所围成的图形的面积也的确是存在于我们的观念之中的。我们以为我们已经完全了解了它。但是，如果我们忽然一脸严肃地问其他人"面积是什么",势必会让对方一时不知如何回答是好。

对希腊人来说,所谓图形的面积,和图形本身一样是不用证明或者解释的。对他们来说,诸如圆、平行四边形之类的词汇,指图形的名称,也指图形的面积。

虽然如此,但是不论是多么不言自明的东西,如果依赖于未被"明文化"的观念而存在,终究是不可能继续谈论其巧妙的逻辑的。在今天的数学中,"定义"面积时,我们使用的是惯用手段——"合乎逻辑的方法"。

然而,不知是幸运还是不幸,需要面积的明确定义并且提出该定义,还是最近发生的事情。在那之前,面积一直都被认为是不言自明的概念,连定义都不需要,并且一直都没有任何人认为不妥当。

积分法诞生于在人们的观念中面积是"不言自明"的这一背景下。

古希腊人关于面积的研究

在《几何原本》中,图形是作为呈现形状的"量"被处理的。因此,如果使用现代的说法,类似下述的性质就被广泛承认,没有任何不自然之处。

(1)若图形 A 包含图形 B,则图形 A 的面积大于图形 B 的面积。

(2)图形 A 与图形 B 相接于点或线,或者相互分离时,图形 A 与图形 B 合起来的图形的面积等于图形 A、图形 B 的面积之和。

(3)若图形 A 与图形 B 相同,则其面积相等。

像这样的命题,是必然可以从公理推导出来的。例如公理 8(整体大于部分)就认为:若图形 B 作为部分被包含于图形 A,则量 A 大于量 B。站在"图形即量"的立场上,这就无异于重复说同一句话,感受不到任何的不明确之处。

欧几里得发展了比例理论①,借助这一理论,可以证明下列命题。

(1)拥有相同高度的平行四边形(的面积)与其底边(的长度)成正比例。

(2)互相相似的三角形(的面积)与由对应边构成的正方形(的面积)成正比例。

因为对希腊人来说,图形即"面积本身",所以理所当然,面积拥有着怎样的数值就没有成为一个问题。他们只关心图形之间比较大小的问题。因此,他们没有类似于"长方形的面积等于长和宽的积"这种说法,而是采用其他形式的说法。

---

① 据说是欧多克索斯(前 408—前 355)提出的。

对他们来说，通过将多边形分割成三角形或者其他已知大小的图形，多边形的面积一定是可以知道的。

面积与穷竭法

对圆或者椭圆等由曲线围成的图形来说，情况就不一样了，因为这样的图形是不可以被分割成三角形的。

希腊人使用了被称为"**穷竭法**"或者"**挤压的方法**"的推论方法。这个推论方法不仅适用于以上情况，在处理量的时候，这个推论方法也发挥了巨大的作用。

相传，完善这个方法的人，是柏拉图的弟子欧多克索斯。当然，并不是说在此之前没有类似的方法，只是说将其精炼成完整的推论方法的人是欧多克索斯。

这个推论方法以下列命题为基础。

（《几何原本》第十卷命题1）"给定两个量，从其中一个量中减去大于其一半的量，从剩余的部分中再减去比剩余部分的一半大的量，继续这样减下去，就可以使得剩余的量比另一个量小。"

为了介绍穷竭法是如何在此基础上发展的，下面举一个例子。

（《几何原本》第十二卷命题2）"圆（的面积）与其直径上的正方形（的面积）成正比。"

令两个圆（的面积）分别为 C、C'，其内接正方形（的面积）分别为 Q、Q'。为证明该命题，只需要说明

$$C : C' = Q : Q' \qquad\qquad (1)$$

即可。因为以圆的直径为边的正方形 Q_1、Q_1'（的面积）分别等于 Q、Q'（的面积）的两倍 [图5.1（a）和（b）]。如果式（1）不成立，设有面积 S，则当

$$Q : Q' = C : S$$

时，就一定会发生 $S<C'$ 或 $S>C'$ 的情况。第一步，假设 $S<C'$。

首先，因为 Q' 是 Q_1' 的一半，所以 Q' 大于 C'（比 Q_1' 还小）的一半是理所应当的。从 C' 中减去 Q'。接下来连接 Q' 所定圆弧的中点①与 Q' 的顶点，作内接于 C' 的正八边形，再将其从 C' 中减去。从图5.1（c）中明显可以看出，从 C' 新减去的部分，比第一次操作留下来的部分的一半还大。

———————————
① 与二等分点相同。

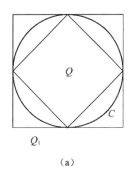
（a）

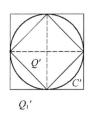
（b）

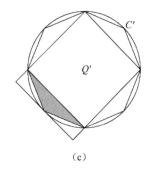
（c）

图 5.1

第二步，连接正八边形所定的圆弧的中点与正八边形的顶点，作内接于 C' 的正十六边形，将其从 C' 中减去。以下也如此进行，则作为上面的基础命题的结果，从 C' 中减去不知第几个多边形 P'，有如下关系：

$$C' - P' < C' - S$$

即

$$P' > S \tag{2}$$

在这里，让对应 P' 的多边形 P 内接于 C，于是有

$$P : P' = Q : Q' = C : S$$

但是根据式（2），可得

$$P > C$$

这就产生了矛盾。

另外，$C' < S$ 时，设有面积 T，通过令

$$Q : Q' = T : C' = C : S$$

可以得到 $T < C$，因此用 C、T 取代上面的 C'、S，可以得到同样的矛盾。由此可得 $C' = S$，即

$$C : C' = Q : Q'$$

一定成立。

之前简单提及了所处时代比欧几里得稍微晚一些的阿基米德。他通过非常精炼的方法使用穷竭法，计算出了被抛物线的一条弦切分下来的部分的面积。他的说法为"用一条直线切分下来的抛物线的部分（的面积）仅比与之底边相同、高度相同的三角形（的面积）大三分之一"（图 5.2）。

他在证明过程中没有使用上述基础命题，而是使用了"两个量的差放大几倍之后，最终可以使其大于任意

图 5.2

一个量" 这一命题。

该基础命题在《几何原本》中是用 "从其中一个量中减去大于其一半的量，从剩余的部分中再减去比剩余部分的一半大的量……" 这种说法表示的，实际上可以确认即使每次都减去正好一半的量，该说法也同样成立。也就是说，当给定 A、B 两个量时，对 A 进行多次减去一半的操作，操作 n 次之后剩下的部分，即 $\frac{1}{2^n}A$，是比 B 小的：

$$\frac{1}{2^n}A < B$$

然而，这也就意味着

$$A < 2^n B$$

换句话说，也就是任意的量 B 乘若干倍，例如 2^n 倍时，它就会比给定的量 A 还要大。从这个结论出发推导出基础命题是非常简单的。

在上面所列举的圆的命题中，穷竭法的核心在于作出圆内接的多边形，依次减去多边形部分时，圆渐渐地被 "取尽"，或者说被 "榨取"。可以说，测量其被榨取的程度就是上述基础命题。

古希腊人不认为使用这个方法就可以取尽圆。这一点不可以忘记。

如今的我们若是观察他们的推论方法，就会想到如果无限反复进行上述取尽操作，最终将取尽圆，并且得出圆的面积。但是，"无限" 这一概念形成于古希腊之后的时代，可是这并不意味着在古希腊完全没有类似的概念。然而，它主要还是仅限于 "并非有限" 这一程度的，是含义上比较保守的概念，因此并不是完整意义上的 "积极的无限" 概念。

如今的我们所认为的 "无限反复之后" 由这个变成那个之类的推论，是古希腊人所不能做的，甚至被古希腊人认为是 "不被限定的恶魔"，因而古希腊人特意回避了这样的方法。

曲边梯形与定积分

16 世纪，开普勒（1571—1630）周密、细致地研究了阿基米德的著作，掌握了穷竭法并将其发展为无穷分割法。

在我们今天看来，叫 "无穷分割法" 可能有些过，但是开普勒从圆被多边形逐渐取尽这一点出发，试图一举将圆用无限多边形取尽。他认为，圆能被众多图 5.3 所示的非常小的三角形取尽，如果设 r 为圆的半径，e 为圆上的极小弧，

据此使用以下等式

$$S_{\triangle OPQ} \approx \frac{1}{2}re$$

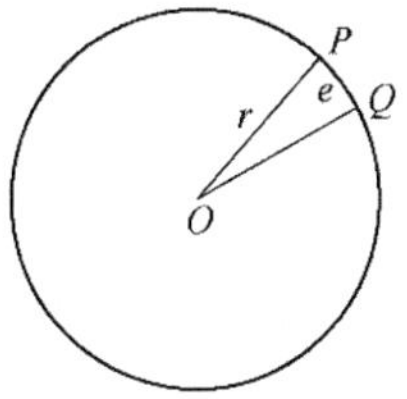

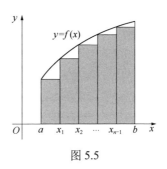

则

$$圆的面积 = \frac{1}{2}r \times \sum e$$

$$= \frac{1}{2}r \times 圆周长$$

图 5.3

这种想法略微有些极端，但是无论如何，从"逐渐分割"到"完全分割"这一飞跃，自近代以来，逐渐成为人们的共识①。因此，牛顿与莱布尼茨等人非常自然地认为，只要无限增加图形中所作的多边形的边，最终就可以完全分割图形。

他们在研究分割的过程中，遇到了如下问题：

"满足 $a \leqslant x \leqslant b$ 的 x 的集合中，连续函数 $y = f(x)$ 被确定的时候，其与 x 轴及直线 $x = a, x = b$ 所围成的图形（图 5.4）的面积是多少呢？"

今天，我们将这样的图形称为 $y = f(x)$ 从 a 到 b 的 **"曲边梯形"**。并且，其面积的计算公式写作

$$S = \int_a^b f(x)\mathrm{d}x$$

称其为 $y = f(x)$ 从 a 到 b 的 **"定积分"**。

对于这一问题，他们作出了几个图 5.5 所示的矩形，认为只要逐渐增加其个数，最终就可以分割这个曲边梯形。

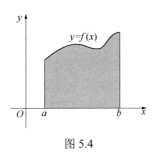

图 5.4

图 5.5

---

① 卡瓦列里（1598—1647）、托里拆利（1608—1647）、帕斯卡、费马等人对人们形成这种共识做出了贡献。

换句话说，在a、b之间插入其他点，使得

$$a < x_1 < x_2 < \cdots < x_{n-1} < b$$

对范围$a \leqslant x \leqslant b$进行$n$等分的操作，计算

$$S_n = f(a)(x_1 - a) + f(x_1)(x_2 - x_1) + \cdots + f(x_{n-1})(b - x_{n-1})$$

随着n的增大，该等式右侧无限接近于

$$\int_a^b f(x)\mathrm{d}x$$

接下来，用柯西的方法重新整理牛顿对此的证明。为了方便，事先在图上标记符号，如图5.6所示。需要证明的是，n无限增大的时候，变数S_n的极限就是

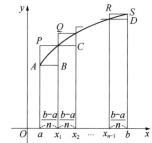

$$\int_a^b f(x)\mathrm{d}x$$

设多边形$aPQ\cdots RSb$的面积为S_1，多边形$aABC\cdots Db$的面积为S_2。首先，根据图5.6所示的图像明显可知

$$S_1 > \int_a^b f(x)\mathrm{d}x > S_2$$

图5.6

这里，右边的多边形$aABC\cdots Db$的面积显然等于S_n。然而，另外，

多边形$aPQ\cdots RSb$的面积$-S_n$

$$= f(x_1)(x_1 - a) + f(x_2)(x_2 - x_1) + \cdots + f(b)$$
$$(b - x_{n-1}) - f(a)(x_1 - a) - f(x_1)(x_2 - x_1) - \cdots -$$
$$f(x_{n-1})(b - x_{n-1})$$

$$= [f(x_1) - f(a)](x_1 - a) + [f(x_2) - f(x_1)](x_2 - x_1) + \cdots +$$
$$[f(b) - f(x_{n-1})](b - x_{n-1})$$

$$= \frac{b-a}{n}\{[f(x_1) - f(a)] + [f(x_2) - f(x_1)] + \cdots +$$
$$[f(b) - f(x_{n-1})]\}$$

$$= \frac{b-a}{n}[f(b) - f(a)]$$

所以，

$$\int_a^b f(x)\mathrm{d}x - S_n \leqslant S_1 - S_n$$

$$= \frac{b-a}{n}[f(b) - f(a)]$$

那么，随着 n 的增大，

$$\frac{b-a}{n}[f(b)-f(a)]$$

比给定的任意一个数都小且越来越小。

因此，

$$\int_a^b f(x)\mathrm{d}x - S_n$$

的值也越来越小。根据极限的定义，这就意味着

$$\lim_{n\to\infty} S_n = \int_a^b f(x)\mathrm{d}x$$

上述等式的左边就表示变数 S_n 的极限。

显而易见，这个证明只有在 $y = f(x)$ 的图像总是不断上升的时候，即

若 $x < x'$，则一定满足 $f(x) \leqslant f(x')$ （a）

或者不断下降的时候，即

若 $x > x'$，则一定满足 $f(x) \leqslant f(x')$ （b）

才适用。然而，我们实际上遇到的多数函数的图像都像图 5.7 中的函数的图像一样，在范围 $a \leqslant x \leqslant b$ 内被分成几个部分，被分成的各部分不是满足关系式（a）就是满足关系式（b）。这样一来，各部分就可以分别适用于上述证明，因此该证明的局限性也并不严重。

另外，满足关系式（a）的函数被称为"**单调递增**"函数，满足关系式（b）的函数被称为"**单调递减**"函数。

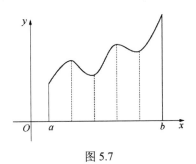

图 5.7

微积分基本定理

牛顿与莱布尼茨找到了计算曲边梯形的面积的操作与微分法之间存在的非

常巧妙的关系①。

现在，对于 $a \leqslant x \leqslant b$ 范围内的任意数 X，若要让其与从 a 到 X 的定积分

$$\int_a^X f(x)\mathrm{d}x$$

对应，就会形成一个新的函数。现在，将新的函数记作 F，即

$$F(X) = \int_a^X f(x)\mathrm{d}x$$

上述函数称为 f 的"**不定积分**"。根据牛顿与莱布尼茨的发现，该函数的导函数与原本的函数 f 是一致的。

为了方便，假定函数 $y = f(x)$ 为单调递增函数（假定为单调递减函数，情况完全一样）。首先，取任意值 c，当 $c > b$ 时，尝试求

$$F(c) - F(b)$$

根据定义，$F(c)$ 为图形 $aRQc$ 的面积（图 5.8），$F(b)$ 为图形 aRb 的面积，因此

$$F(c) - F(b) = 图形\ bRQc\ 的面积$$

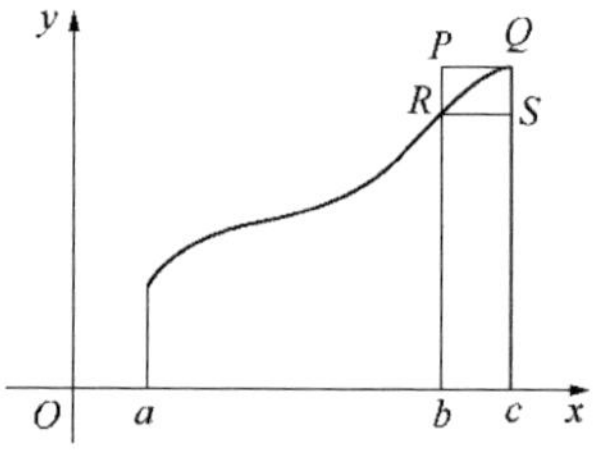

因此，由图 5.8 可知，

$$f(b)(c-b) \leqslant F(c) - F(b) \leqslant f(c)(c-b)$$

图 5.8

对上述不等式左右两边同时除以 $c - b$，可得

$$f(b) \leqslant \frac{F(c) - F(b)}{c - b} \leqslant f(c)$$

由此可知，当 $c > b$ 时，$\dfrac{F(c) - F(b)}{c - b} - f(b) \leqslant f(c) - f(b)$。

当 $c < b$ 时，可以得到

$$f(b) \geqslant \frac{F(c) - F(b)}{c - b} \geqslant f(c)$$

因为假定 $y = f(x)$ 为连续函数，所以当 c 接近 b 时，$f(c) - f(b)$ 就应该比事先给定的任意正数都小且越来越小。$\dfrac{F(c) - F(b)}{c - b} - f(b)$ 也拥有相同的性质。这就意味着

$$F'(b) = \lim_{c \to b} \frac{F(c) - F(b)}{c - b} = f(b)$$

即正如上文所述，函数

---

① 巴罗同样发现了这一点。但是，微积分学的核心人物是牛顿与莱布尼茨。

$$y = \int_a^X f(x)\mathrm{d}x$$

的导函数与原本的函数 $y = f(x)$ 是一致的。

前面我们讲到，函数

$$y = F(X) = \int_a^X f(x)\mathrm{d}x$$

的导函数与原本的函数 $y = f(X)$ 相等，即

$$F'(X) = f(X) \tag{3}$$

一般来说，当微分一个函数 G 可以得到 f 时，那么 G 被称为 f 的"**原函数**"。采用这一说法，则

$$y = F(X) = \int_a^X f(x)\mathrm{d}x$$

为 f 的一个原函数。

然而，f 的原函数并非只有这一个。例如，对于任意的数 c，设

$$y = \int_a^X f(x)\mathrm{d}x + c$$

则该函数也是 f 的原函数。

很巧的是，该命题的逆命题也是成立的。我们已经知道了"定数 c 的导函数与定数 0 相等"，即"定数 c 为定数 0 的原函数"这一事实。上述命题的证明可以作为逆命题"定数 0 的原函数与定数 c 相等"的证明。

现在，假设给定 f 的一个原函数 G：

$$G'(X) = f(X) \tag{4}$$

由式（4）减式（3）得

$$G'(X) - F'(X) = 0$$

这意味着，F 与 G 的差，即 $F - G$ 的导函数就是定数 0。因此，在上述命题"定数 0 的原函数等于某个定数 c"已经得到证明的情况下，有

$$G(X) - F(X) = c$$

即

$$G(X) = F(X) + c = \int_a^X f(x)\mathrm{d}x + c$$

那么，对于任意的原函数 G，可以得知下述等式成立：

$$G(b) - G(a) = \int_a^b f(x)\mathrm{d}x + c - \int_a^a f(x)\mathrm{d}x - c$$

$$= \int_a^b f(x)\mathrm{d}x$$

换言之，f 从 a 到 b 的定积分与 $G(b) - G(a)$ 相等。

如此看来，f 的定积分的计算就回归到了找到其原函数之一 G。这一事实被称为"**微积分基本定理**"。虽然牛顿与莱布尼茨等人并没能够给予他们所发现的这一重要事实以明确的证明，但是他们非常清晰地认识到了这一事实使得各种面积的计算变得非常容易。下面展示一个例子。

另外，稍做补充，求 f 的原函数被称为"**对 f 进行积分**"，f 的原函数被记作

$$\int f(x)\mathrm{d}x$$

"$\int$"这个符号是由莱布尼茨发明的。最开始想到使用该符号将定积分表示为

$$\int_a^b f(x)\mathrm{d}x$$

的是傅立叶（又译为傅里叶，1768—1830）。

一般来说，上述假定命题"定数 0 的原函数等于某个定数 c"的证明需要引用接下来被称为"拉格朗日**中值定理**"（又称"微分中值定理"）的命题。

首先，作在范围 $a \leqslant x \leqslant b$ 内的可微函数 $y = f(x)$ 的图像，尝试连接它的两个端点 $(a, f(b))$ 与 $(b, f(b))$。那么，显然连接这两点的直线的方向系数为

$$\frac{f(b) - f(a)}{b - a}$$

仔细观察图 5.9，可能会觉得在图像的某处，可以巧妙地作一条平行于上述直线的切线。换言之，可以预想到，只要在 a 与 b 之间巧妙地选择一点 c，就一定可以使得

$$\frac{f(b) - f(a)}{b - a} = f'(c)$$

这就是所谓的拉格朗日中值定理。

确切来说，对于在范围 $a \leqslant x \leqslant b$ 内的可微函数 f，只要选择适当的、符合条件 $a \leqslant c \leqslant b$ 的 c，就可以得到

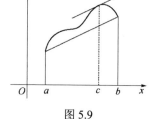

图 5.9

$$\frac{f(b) - f(a)}{b - a} = f'(c)$$

或者

$$f(b) = f(a) + f'(c)(b - a)$$

只要能够证明这个定理，最初提出的命题的证明非常容易完成。

现在，假设 $a \leqslant x \leqslant b$ 范围内确定的函数为定数 0 的原函数：

$$f'(x) = 0$$

取 $a < b' \leqslant b$ 范围内的任意 b'，将 f 看作 $a \leqslant x \leqslant b'$ 范围内确定的函数，套入拉格朗日中值定理：

$$f(b') = f(a) + f'(c)(b' - a)$$

因为 $f'(c) = 0$，所以

$$f(b') = f(a)$$

b' 只要位于 a 与 b 之间，可以是任何数，因此，这也就意味着 $f'(x)$ 的值总是一定值，即 f 等于某个定数 c。

拉格朗日中值定理的证明并没有看起来那么简单。首先，非常容易推测，欲证明该定理，只需证明与将图像略微旋转后的情况相对应的下述命题。

"g 是可微函数，并且当 $g(a) = g(b)$ 时，对于该函数的图像，在某点处可以作一条水平的切线（图 5.10）"。换言之，存在 a 与 b 之间的 c，使得

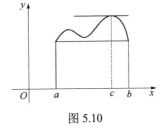

图 5.10

$$g'(c) = 0$$

据此，证明拉格朗日中值定理只需进行如下操作。现在

$$g(x) = f(x) - \frac{f(b) - f(a)}{b - a}(x - a)$$

$g(a) = g(b) = f(a)$。且因为 g 是可微函数，所以根据上述命题，可以得到一定存在 c，满足

$$g'(c) = 0 \quad (a < c < b)$$

然而，

$$g'(c) = f'(c) - \frac{f(b) - f(a)}{b - a}$$

因此

$$f'(c) = \frac{f(b) - f(a)}{b - a} \quad (a < c < b)$$

这就意味着 c 为所求的数。

之前也说过，函数取得极大值、极小值的点 c 一定满足

$$g'(c) = 0$$

因此，欲证明上述命题，只需要证明"像上面那样的连续函数至少在某处有一个极大值或者极小值"。大家或许会认为，这比拉格朗日中值定理看起来更加清晰明了。尽管如此，其本质却一点都没有变得简单。

实际上，直到 19 世纪后期，这个命题才得到切实证明。后面会详细讲述，只有等到人们有了对比极限的概念还要更加深奥的数的概念的深刻认识，才能完成它的证明。不论是牛顿还是莱布尼茨，甚至连柯西对于数的认识都仅仅停留在与上述认识相距甚远的水平。

下面，通过一个例子展示微积分基本定理是如何被用于图形面积的计算的。

某抛物线的方程为

$$y^2 = mx \ (m > 0)$$

将 x 轴与 y 轴互换，

$$x^2 = my$$

即

$$y = \frac{x^2}{m}$$

令这个函数为 f。

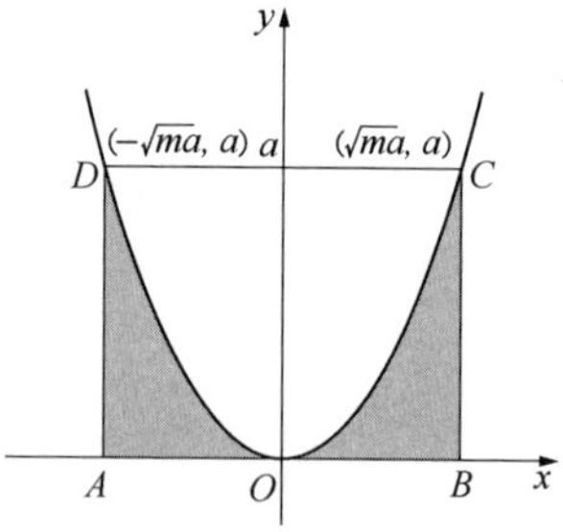

现在，求被抛物线和与 x 轴平行的直线

$$y = a$$

围成的部分（图 5.11）的面积。

图 5.11 所示的阴影部分中，右半部分的面积为

$$\int_0^{\sqrt{ma}} f(x)\mathrm{d}x = \int_0^{\sqrt{ma}} \frac{x^2}{m}\mathrm{d}x$$

然而

$$y = \frac{x^2}{m}$$

的原函数之一为

$$y = G(x) = \frac{x^3}{3m}$$

因此，根据微积分基本定理，可得

$$\int_0^{\sqrt{ma}} \frac{x^2}{m}\mathrm{d}x = G\left(\sqrt{ma}\right) - G(0)$$

$$= \frac{\left(\sqrt{ma}\right)^3}{3m}$$

由此可以知道，阴影部分总体的面积为其二倍，等于

图 5.11

$$\frac{2\left(\sqrt{ma}\right)^3}{3m}$$

另外，矩形 $ABCD$ 的面积为

$$2\sqrt{ma} \times a = 2\frac{\left(\sqrt{ma}\right)^3}{m}$$

因此，所求面积为矩形的面积减去阴影部分的面积之差，即

$$2\frac{\left(\sqrt{ma}\right)^3}{m} - \frac{2\left(\sqrt{ma}\right)^3}{3m} = \frac{4\left(\sqrt{ma}\right)^3}{3m}$$

另外，$\triangle OCD$（图 5.12）的面积为

$$\sqrt{ma} \times a = \frac{\left(\sqrt{ma}\right)^3}{m}$$

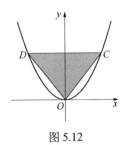

图 5.12

柯西与勒贝格

由上述内容可以看出，面积这一概念存在不确定性，因为人们对面积的计算方法不统一。

作为微分的逆运算，积分即使脱离面积单独来看，也具有非常重要的意义。因此，一般认为，它被建立于不确定的面积的概念之上，这并不是一件好事。

柯西虽然没有对面积进行特别深入的考察，但是他尝试了将积分与面积的概念分离，完全独立地定义"定积分"。首先，他提出了一个定义域为 $[a,b]$ 的确定的任意连续函数，即不考虑是否具有单调递增或者单调递减等性质，完全普通的连续函数：

$$y = f(x)$$

对其定义域 $[a,b]$ 进行 n 等分：

$$a = x_0 < x_1 < \cdots < x_{n-1} < x_n = b$$

思考

$$S_n = f(x_0)(x_1 - x_0) + f(x_1)(x_2 - x_1) + \cdots + f(x_{n-1})(x_n - x_{n-1})$$

证明变数 S_n 在 n 变大时拥有极限，其极限定义为

$$\int_a^b f(x)\mathrm{d}x$$

然后，他基于这个定义，证明了微积分基本定理。

另外值得注意的是，在前文中，$f(x)$ 的值如果不是正数，情况就会略显糟糕①，然而，在上述极限定义下，根本就不需要这样的限制。

据此，或许可以说积分法自身暂且获得了成立的基础。

19 世纪末，若尔当（又译为约当，1838—1922）首次将面积从不确定的概念中"解放"出来，赋予其严密的定义。面积的理论更是在 20 世纪初被勒贝格（1875—1941）发展为划时代的一个数学领域，一言以概之，就是将"长度""面积""体积"等"量"的概念抽象化后得到测度论。这里暂且不对勒贝格的测度论进行说明。

微积分的创始者们

牛顿利用微积分成功地对宇宙进行了描述。不久之后，伯努利家族的人利用微积分解决了与物体运动相关的问题，用事实充分证明了微积分的有用性。他们也对发展微积分本身做出了贡献。

18 世纪是微积分被广泛使用并且得到快速发展的时代，以至于人们没有闲暇去思考它的基础。如果阅读欧拉、拉格朗日、拉普拉斯等人数量庞大的著作，有些人甚至可能会头晕目眩。例如，《欧拉全集》自 1911 年开始出版，至今都尚未完结。据说待其完成之时，估计会达到足足 16000 页四开纸之多。

拉格朗日 1736 年出生于都灵，1813 年逝世于巴黎。难得的天赋和安静的性格，使得他成为欧洲最伟大的数学家之一。据说他不用笔接触纸就可以想通一切，然后立马下笔，一气呵成，一处都不需要订正或者涂改。他平均每个月能写完一篇论文。他的"不朽"著作《分析力学》因华丽的文辞，甚至被誉为"科学之诗"。

与拉格朗日处于同一时代的拉普拉斯于 1749 年出生于法国西北部卡尔瓦多斯的博蒙昂诺日，于 1827 年逝世于巴黎。他的著作《天体力学》（5 卷）是牛顿的《自然哲学的数学原理》的优秀补充，也被视为对后者的解释之书。这部著作中充斥着珍珠宝玉般的定理。毫不夸张地说，直到相对论出现为止的天体力学的研究基本上都是从这部著作中派生而来的。

拉普拉斯潜心研究自己感兴趣的问题，而且只追求问题得到解决，他不是特别重视方法。因此，在他的书中，读者是不大能体会到拉格朗日书中的那种华丽又优雅、精练的风格的。拉普拉斯对实际的计算没有什么兴趣，为了避免

---

① 按照牛顿、莱布尼茨的积分法，可以推断出 x 轴下方图形的面积必须为负数，否则会出现无法解决的问题。

"劳累",大多数情况下,他会用一句"显然……"来代替计算。

　　除了《天体力学》,拉普拉斯在数学的其他诸多领域中也留下了足迹。在概率论领域,有人甚至称他一个人做出的贡献比其他人的都多。他的大作《概率论的解析理论》是一部晦涩难懂的巨著,闻名于世。

　　暂且不论拉普拉斯探索真理的路线如何,可以说他拥有瞄准真理从不脱靶的天赋。

　　在拉格朗日和拉普拉斯所处的时代,就算人们在原理层面还存在诸多不解之处,但是"探索的过程中应该最终会搞明白的"这种想法处于支配地位。毫无疑问,应该是诸多辉煌的成就给了人们这样高度的自信。

　　这里补充一个小插曲。据说柯西在发表他的级数论讨论"极限"时,拉普拉斯听说后匆匆忙忙回家,检查《天体力学》中涉及的所有级数[①],看其是否拥有极限。

　　柯西身处法国政变频繁、政局不稳的时期。他出生于法国大革命爆发之年(1789 年),长大后进入巴黎综合工科学校(现巴黎综合理工学院),此时又是拿破仑政权极盛之时。此后,七月革命(1830 年)、二月革命(1848 年)、法兰西第二帝国(1852 年)他全都经历过。特别是,七月革命之际,他作为旧王朝的狂热支持者,无法留在国内,度过了长达 8 年的漂泊岁月。尽管身处如此困难之境,他还是留下了 800 多篇的论文,对数学的发展产生了巨大的影响。

　　尽管柯西的功劳如此伟大,但他对实质上从内部支撑微积分的内容的思考依旧不是十分彻底。这主要与之前稍微提到过的围绕数的概念相关。关于这一点,后面会详细叙述。

---

① $a+b+c+\cdots$ 形式的内容,柯西认为这些数在不断累加的过程中,如果没有极限就没有意义。

第六章

数学是什么——希尔伯特的形式主义

再谈"说服的艺术"

世人都说，数学是一门严谨的学问。过去，人们都相信，"就算是其他学问的大厦都坍塌了，数学的真理性也不可能被破坏"。事实上，数学这门学问严格遵循帕斯卡所说的"论证性方法"，这毫无疑问地成了上述信念的基石。

所谓"论证性方法"，就是指除了不言自明的道理之外，对其他一切"词汇"都进行定义，并且将一切非不言自明的命题证明到底。实际上，该方法得以理想化地应用之时，显然就是任何人都无法非难的一门严谨的学问诞生之时。在应用该方法时，人们必须对有些问题稍加思考，思考的内容是"不言自明的道理"指的是什么。

帕斯卡曾解释了什么是"说服术",因此,可以说,为了达到目的,只要是"周围的人都默许"的事情,或许就可以称为"不言自明的道理"。

对于"不言自明",上述解释足矣。但是作为一门必须跨越地域与时代的学问所遵循的方法,上述解释依旧有所欠缺。例如,如果有一件事情,古希腊人全都认可它,但是后世的人不认可它,那么这件事情到底是不是"不言自明"的呢?

自然科学的历史告诉我们,有很多所谓"不言自明的道理"并不可靠,到最后都被推翻了。过去的人们相信地球是平的,"地球是平的"就是一个"不言自明的道理"。然而,今天又有多少人相信地球是平的呢?因此,当数学以这种"不言自明的道理"为基础时,就算看起来十分严谨,也不得不说是非常危险的。因为没有人知道,数学的"革命"会在何时到来。

横亘在数学根基上的这一难题,无论如何都有必要解决掉。

平行线问题

历史上,数学经历过几次重大的革命。革命首先出现在 19 世纪初,发生在过去甚至被称赞为"典型真理"的几何学上。这件事给数学带来的影响非常巨大,以至于说它在后来成为完全改变数学面貌的原动力都不为过。

如果用一句话概括这件事,就是出现了一个否定欧几里得提出的公设的人。此处将简明扼要地讲述事件的来龙去脉。

首先,重新引用《几何原本》中举出的 5 个公设,如下所示。

公设 1. 在任意一点到任意一点之间可画一条直线。

公设 2. 直线可以延长。

公设 3. 以任意一点为中心,可以画半径为任意长度的圆。

公设 4. 所有直角的角度都相等。

公设 5. 同一平面内一条直线和另外两条直线相交,若在某一侧的两个内角之和小于 180°,则这两条直线经过无限延长后在这一侧相交(图 6.1)。

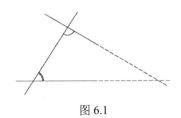

图 6.1

问题就出在公设 5 上。说起来，可能不管是谁看到这个命题都会觉得它实在太长、太复杂了。看起来它是理所当然的，但是将它与其他的公理、公设进行比较，"不言自明"的程度就不那么明显了，是一个仿佛称为"定理"更加合适的命题。因此，自古以来，人们就多方努力，从其他公理、公设出发，将其作为一个定理来进行证明。

下面，先对公设 5 稍加分析。

在《几何原本》所有的公理与公设中，与"平行线"相关的只此一个，但是与平行线相关的命题，有的不用这个公设也可以得到证明。其中一个例子就是命题"过给定的一条直线 l 外的一点 P，至少可以作一条直线与 l 平行"。

要证明该命题，只需援引《几何原本》第一卷的命题 27，"如果一条直线和两条直线相交，所成的内错角彼此相等，则这两条直线互相平行"，并进行如下证明即可。

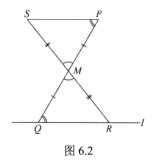

图 6.2

首先，如图 6.2 所示，连接 l 上的一点 Q 和给定的点 P，令 PQ 的二等分点为点 M。接着，取 l 上点 Q 以外的另一点 R，连接 RM，再将其延长至 S，使得

$$RM = MS$$

因为

$$PM = MQ，\angle PMS = \angle QMR$$

所以 $\triangle PMS \cong \triangle QMR$。因此

$$\angle SPM = \angle RQM$$

根据命题 27，直线 l 与线段 SP 所在直线互相平行。

在《几何原本》第一卷中，公设 5 在证明命题 29 时被首次使用，上述证明中使用的命题 4、命题 27 等，都与公设 5 完全没有任何关系。然而，证明"过 l 外的一点 P 只能作一条直线平行于 l"时，情况与此前大不相同，公设 5 开始被使用了。

证明过程如下。

如图 6.3 所示，假设过点 P 平行于 l 的直线有两条，分别为 PA、PB 两条线段所在直线。此时，$\angle APQ$ 与 $\angle BPQ$ 不等，所以两个角之中至少有一个要与 $\angle \alpha$ 不等。

因此，通过命题 29 "一条直线与两条平行直线相交，则所成的内错角相等"，我们知道 PA、PB 所在直线中至少有一条不是 l 的平行线。这就意味着，过 l 外

的一点 P 只能作一条直线平行于 l。

正如上文所述，命题 29 的证明会用到公设，即现在假设 l 与 l' 平行，但是 $\angle\alpha$ 与 $\angle\beta$ 是不等的（图 6.4）。

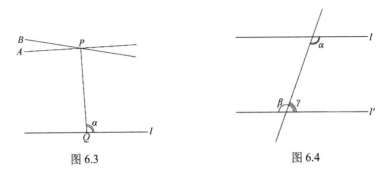

图 6.3   图 6.4

那么，要么

$$\angle\alpha < \angle\beta$$

要么

$$\angle\alpha > \angle\beta$$

可以假设

$$\angle\alpha < \angle\beta$$

此时

$$\angle\alpha + \angle\gamma < \angle\beta + \angle\gamma = 180°$$

因此，如果这里使用公设 5，则 l 与 l' 就必须在 $\angle\alpha$、$\angle\gamma$ 一侧相交，于是就产生了矛盾。

可见，上述证明虽然使用了命题 29，但是也依旧使用了公设 5。

现在，想象在这里有另外一本新的《几何原本》，假设在这本书中，原本公设 5 所在之处写着这样一个命题："过 l 外的一点 P 只能作一条直线与 l 平行"。那么，旧的《几何原本》的定理中，不用公设 5 就能够证明的定理，就全都成了新的《几何原本》中的定理。并且，连旧的公设 5 都能作为"定理"被证明。

如此一来，新旧两个版本的《几何原本》就会完全重复，即以公设 5 为基础假设的命题，与假设的命题"过 l 外的一点 P 只能作一条直线与 l 平行"具有完全相同的效果，用其中一方替代另一方根本无任何妨碍。换言之，可以说这两个命题是同等的。

另外，很容易知道，在同样的意义下，公设 5 与命题"三角形的内角之和等于 180°"也是同等的。

命题"过 *l* 外的一点 *P* 只能作一条直线与 *l* 平行"虽然看似普通，但是这个命题非常有用。在《几何原本》中，比这一命题还要明晰的命题大多作为定理得到了证明，因此，人们从情感上会认为把该命题作为公设是不好的。

上文中讲过，在 5 世纪左右有一个叫普罗克洛斯的人写了《几何原本》第一卷的注释，其中已经有很多对公设 5 证明的尝试。从阿拉伯人到欧洲中世纪的数学家，一直到后来 19 世纪的数学家都绞尽脑汁尝试对它进行证明。

这被称为"平行线问题"，它的历史非常悠久。我们甚至可以认为，欧几里得本人实际上也没能对公设 5 进行证明。然而，尽管有历代数学家的诸多努力，但是公设 5 终究没有得到证明。其中不乏有人自称证明成功，但这些人都在某些地方想错了。其中特别著名的是萨凯里（1667—1733）和勒让德（1752—1833）的研究。

萨凯里的想法如下。如图 6.5 所示，首先，在线段 *AB* 的两端作垂线 *AC*、*BD*，使得

$$AC = BD$$

连接 *CD*。此时，$\angle C = \angle D$ 这一点即使不用公设 5 也非常容易证明。但是，若要证明这两个角为直角，则必须使用公设 5。

对此，他提出了 3 个假说。

（1）总体而言，$\angle C = \angle D$，为直角。

（2）总体而言，$\angle C = \angle D$，为锐角。

（3）总体而言，$\angle C = \angle D$，为钝角。

图 6.5

然后，他证明了如果假说（1）是真命题，三角形的内角之和等于 180°；如果假说（2）是真命题，三角形的内角之和就会比 180° 小；如果假说（3）是真命题，三角形的内角之和就会比 180° 大。

于是，他认为既然命题"三角形的内角之和等于 180°"等同于公设 5，那么要想证明后者，只需证明假说（2）和假说（3）不是真命题即可。虽然他非常拼命地努力证明，但是他所相信的自己成功的证明实际上是错误的。

勒让德站在相同的立场上，认为要想证明公设 5，只需证明"三角形的内角之和等于 180°"即可。他展开了精细巧妙的论证，但是他的证明也同样是错误的。

罗巴切夫斯基几何学与黎曼几何学

大概是看到前人两千多年的努力都化为了泡影，人们终于觉得这其中有问

题。大家开始觉得公设 5 是暂且作为公设的。也就是说，它或许是一个从其他的公理、定理出发绝对不能被证明的独立的命题。

这种想法并没有仅停留在这个层面。之所以这样说，是因为人们立志证明公设 5 的时候，就表明人们对于它作为公设应该具有的自明性多少有些怀疑，应该说其自明性差不多已经丧失殆尽了。因此，如果人们确实无法证明该公设，那么意味着，以它为基础的几何学就有可能是"虚伪"的。

此时此刻，有两个"革命家"出现了。他们就是数学家罗巴切夫斯基（1792—1856）与鲍耶（1802—1860）。他们强行略过上述疑惑，认为既然不知道公设 5 是否为真，那么将其条件与结论进行互换，看是否依旧合乎逻辑。互换后的否命题变为"过直线 l 外的一点 P 作垂线 PH 时，如果适当地作两条与 PH 成相等锐角的线段 PA、PB，那么 $\angle APB$ 中间的直线会与 l 相交，反之则不会与其相交"（图 6.6）。他们用该否命题代替了公设 5，其他的公理、定理依旧保持不变，创建了一种全新的几何学。

这种全新的几何学原原本本地包含欧几里得几何学中不用公设 5 就能够证明的所有命题，例如三角形的相似定理，甚至还包含几个将使用了公设 5 的部分置换成上文中的否命题能够推导出来的略微与众不同的命题。

接下来，我们举 3 个例子来进行说明。

（1）在线段 AB 的两端作两条相等的垂线 AC、BD 时，$\angle C = \angle D$，它们都是锐角（参照萨凯里的研究）（图 6.7）。

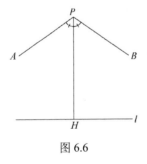

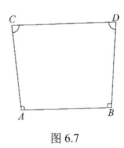

图 6.6   图 6.7

（2）三角形的内角之和小于 180°（参照萨凯里的研究）。

（3）三角形的面积和 180°与其内角之和的差成正比。

其中，第三个例子尤为显著。根据第三个例子可得，所有三角形（以△ABC 表示）的面积都与

$$180° - (\angle A + \angle B + \angle C) \tag{1}$$

成正比，因此取适当的系数 k，可以写作

$$[180°-(\angle A+\angle B+\angle C)]k$$

然而，因为式（1）的值不可能比 180°大，所以所有三角形的面积都总是比$180°\times k$小。

我们称这种几何学为**"罗巴切夫斯基几何学"**（非欧几里得几何学，简称非欧几何）。

竟然存在两种几何学，这到底是怎么回事？究竟哪种才是真正的几何学呢？因为公设 5 看起来比罗巴切夫斯基等人采用的命题更加准确，所以欧几里得几何学才是正确的吗？

但是，在比较公设 5 与罗巴切夫斯基等人的命题时，如果仔细思考，会发现认为公设 5 更像是正确的这件事有些奇怪。例如，一方面我们想要相信，过一点作已知直线的平行线的确只能作一条；另一方面，我们虽然感觉平行线只有一条，但是又担心因为我们的眼睛看得不够清楚，而不同的平行线之间的差别又非常细微，所以可能是我们看漏了，实际上应该有很多条平行线（图 6.8）。如果真的存在我们看漏的情况，那么罗巴切夫斯基等人的命题则更加准确。

也可以像下面这样想。我们所说的平面，虽然我们自身认为它是无限广阔的，但是也有可能如图 6.9 所示，它是包含在圆的内部的。想象一下，圆的中心附近十分灼热，越是靠近圆周的地方越是冰冷。那么，从圆的中心出发，以同一尺度标准沿着半径向圆周方向测量时，因为热胀冷缩的缘故，该尺度标准是可以无限收缩的，所以最终在我们看来，仿佛从圆心到圆周之间有着无限远的距离。这么一来，像上面的情况是十分有可能的。如果这是真的，那么在这个"平面"上其他所有公设都可以得到满足，但是存在无数条过直线 l 外的一点 P 平行于 l 的平行线。例如，与直线 l 在圆的外侧相交的直线，在这个"平面"与直线 l 并不相交。

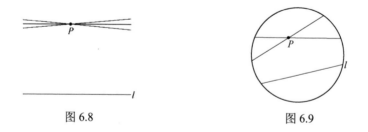

图 6.8　　　　　　　　　　　　　　　图 6.9

高斯（1777—1855）是对欧几里得几何学持有怀疑态度的人之一，他大规模地进行了三角形内角之和的实际测量，尝试观察现实世界到底符合哪种几何学。然而，最终他惨遭失败。也就是说，在测量误差的范围内，无法确定三角形的内角之和是否等于180°。

另外，凯莱（1821—1895）、克莱因（1849—1925）、庞加莱（1854—1912）（图6.10）等人证明了如果欧几里得几何学中没有矛盾，那么罗巴切夫斯基几何学中也没有矛盾，即如果欧几里得体系整体都是合乎逻辑的，那么后者也形成了合乎逻辑的体系。这就意味着，从理论上是不可能判断二者孰对孰错的。后来，数学家们对这一方面的研究并未停滞，不久，另一种新的几何学，即球面几何诞生了。

一般来说，过球体中心的平面与球面相交之处被称为"大圆"（图6.11）。我们可以把地球的表面视为一个球面，在此基础上我们称为"直线"的东西，实际上就是地球的大圆。

图6.10

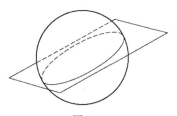

图6.11

球面几何将欧几里得几何学的公理、公设中的直线换成大圆来理解和评价命题。

此时，我们可以轻易看出，除了下述两点外，欧几里得几何学的其他所有公理、公设在球面几何中都成立。

（1）连接两点的直线可能多于一条（图6.12）。

（2）不存在平行线，所有"直线"都是相交的。

于是，基于下述两个新的公设的几何学被创造出来。

（1）连接两点的直线不止一条。

（2）不存在平行线。

与之前的两种几何学不同，在这种新的几何学中，命题"三角形的内角之和大于180°"得到了证明。

需要注意的是，在这种几何学中，有与罗巴切夫斯基几何学相同的问题，即这种新的几何学或许是真正的几何学的可能性是存在的。我们的直观感受是不明确的，我们毫不怀疑的平面，有没有可能其实是巨大的球面，正如我们曾经认为地球是平的而实际上地球是圆的一样。

创建了这种几何学的是黎曼（1826—1866）（图 6.13），该几何学因而被称为黎曼几何学。

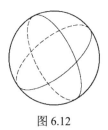

图 6.12

图 6.13

希尔伯特对数学的思考

看到如此情形，显然我们可以知道，即使是曾经被视为典型真理的欧几里得几何学，它的基础也包含着值得怀疑的内容。况且，到底什么才是"不言自明"的，这个难度深不可测的问题仿佛才开始浮出水面。初看非常明晰的公理、公设，如果仔细分析就会发现其中存在一些不明确的地方。

那么，欧几里得几何学和其他几何学究竟具有怎样的价值呢？只有将来测量技术足够高后，我们才能知道究竟是哪种几何学更符合现实世界的情况，到那时我们才能够判定它们的优劣。

如果否定"不言自明的道理"，数学领域取得的绝大部分成就都会被推翻。因为可以说几乎不存在古今东西都通用的"不言自明的道理"。

第一个针对此事采取决然态度，将数学从自然科学中"解放"出来，并且使它的"命运"发生转变的是希尔伯特（1862—1943）（图 6.14）。

他认为，数学不是用来追求与现象世界相对应的真理的。数学的职责和任务只不过是建设一个从"假定"出发，经过形式上的推导形成结论的"抽象理论"，对于"假定"的要求仅仅是"不产生矛盾"而已。除此之外，数学不具有任何其他职责和任务。

简而言之，公理、公设没有必要是任何的真理，只需要是"假定"就足矣。这绝非希尔伯特一时兴起的想法或者权宜之计，而是他基于对数学发展历史的深刻洞察得到的极其恰当的思想，不久后整个数学界都受到它的深刻影响。甚至可以说，希尔伯特让数学成为数学本身。

图 6.14

他的著作《几何基础》既是他形成这一思想的直接契机，也是这一思想的最佳表现。下文将简单地讲述该思想形成的过程。

它的形成与 1891 年的一场演讲密切相关。演讲内容大致如下。

令平面上的点与直线为给定的对象，事先规定两个允许的操作，第一个是"过两点只能作出一条直线"，第二个是"两条直线的交点只有一个"——假定平行线是不存在的。

就平面上成立的定理而言，一般来说仅仅使用这些"允许的操作"和"给定的对象"，并且其结论的形式大多是"这个点和那个点在一条直线上"或者"这条直线和那条直线相交于一点"。以上这些一般被总称为**交点定理**。

然而，根据赫尔曼·维纳（1857—1939）的观点，只需要假设以下两个特殊的交点定理为真，其他所有交点定理就必然可以得到证明。

（1）**帕斯卡定理**：分别选择两条直线上不与交点一致的 6 个点，令它们分别为 A、B、C 和 A'、B'、C'，则 $B'C$ 与 BC'、AB' 与 $A'B$、CA' 与 $C'A$ 的交点 X、Y、Z 在一条直线上（图 6.15）。

（2）**德萨格定理**：在 $\triangle ABC$、$\triangle A'B'C'$ 中，若 3 条线段 AA'、BB'、CC' 相交于一点，则 AB 与 $A'B'$、BC 与 $B'C'$、CA 与 $C'A'$ 的交点也在一条直线上（图 6.16）。

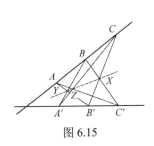

图 6.15

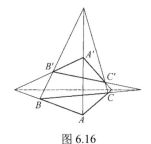

图 6.16

也就是说，此时，如果只假设上述两个交点定理为真，其他任何的公理、公设都不被允许使用，只规定"对象"和对它的"操作"，仅凭这些就可以证明其他所有交点定理。

维纳演讲的主旨在于，通过这样的方式，可以建立一个独立于几何学，并且与之平行的"抽象的理论"。

对当时在教授几何学的希尔伯特来说[①]，维纳的演讲无疑值得关注。

仔细观察维纳的推论方式，可以有以下几点发现。假设何为"点"，何为"直线"，何为"连接点"，何为"求直线的交点"，我们全都不知道。假设在这里有叫作点的东西和叫作直线的东西。有规则是，如果给定了两个点，就有一个方法可以确定一条通过这两个点的直线，而且，如果给定了两条直线，就有一个方法可以确定一个被称为"两条直线的交点"的点，并且这些"东西"和"规则"满足我们现在所理解的帕斯卡定理和德萨格定理，那么，通过维纳的方法，就可以确认所有交点定理都为真。

也就是说，即使点并不是我们直观看到的"有位置但是没有大小的东西"，直线也并不是"可以无止境笔直地向两端延伸的东西"，但是只要允许上述操作，并且满足上述两个定理，那么在该前提下的交点定理就应该全都为真。

希尔伯特非常重视上面这一点。那么，点和直线是怎样的东西这一问题就不是什么重要的问题吗？这个问题当然重要。只是他认为，关于点和直线，在它们之间实现"连接"或者"相交"等某一操作时，针对该操作，探究"只需假设这个或那个，就可以推导出这些东西"这种命题的"形式上的依存关系"，难道不正是数学家的工作吗？

从这种观点出发重新研究欧几里得的《几何原本》，会有很多发现。欧几里得的《几何原本》中出现了很多的"定义"，定义是用于限定讨论中出现的术语的意义的。仔细观察可以发现，存在两种定义，一种是效果好、经常被使用的定义，另一种是好不容易被列出却完全不被使用的定义。

下面是几个效果好的定义。

定义 10. 一条直线与另一条直线相交所形成的两邻角相等时，两邻角皆称为直角，且其中一条直线称为另外一条直线的垂线。

定义 15. 圆是由一条曲线包围成的平面图形，其内部有一个定点与这条曲线上的所有点连接成的线段都相等。

这些定义在推论中经常被使用，且几乎不可能脱离定义中的限定词。与此

---

① 当时他供职于哥尼斯堡（现称加里宁格勒）的一所大学。

相反，下述定义却在推论中几乎不被使用。

定义 1. 点不可再分。

定义 2. 线只有长度而没有宽度。

定义 4. 直线是指点沿着一定方向及其相反方向的无限平铺。

"点"与"直线"这两个词出现的频率极高，没有它们其他一切图形都无法考虑，但是关于点与直线具体指的是什么却未被限定。如果说点是"人"，直线是"伙伴们"，说不定也是有道理的。假设有一个人，完全没有听说过点是什么、直线是什么。然而，可以这么说，只要这个人知道对两个点来说，连接它们的一条直线是确定的，或者其他一些知识，比如公理、公设，那么他阅读《几何原本》就应该不会感到有障碍。

在这里，希尔伯特提出疑问：为什么要定义点和直线呢？不定义点与直线，只是把它们作为"某个东西"，在这种情况下《几何原本》中的推论如果也能够成立，岂不美哉？

当我们被告知

苏格拉底是人。

人是会死亡的。

这两个命题时，什么是"人"，什么是"死亡"，"苏格拉底"又是怎样的人物，即使我们完全不知道这些问题的答案，但是只要我们承认这两个命题为真，那么我们必然可以推导出

苏格拉底是会死亡的。

这一结论。与此相同，希尔伯特反问道，当把未经定义的与对象相关的几个命题看作真命题时，探究必然会出现多少事情，这难道不正是数学家的专长吗？

当然，根据需要，除了"未经定义的对象"以外，有时有可能需要使用新的专业术语，比如"圆""直角"等。此时，选择使用"未经定义的对象"、假定的命题和由它们推导出来的定理来定义它们即可。

听完维纳的演讲，希尔伯特在回去的路上，似乎已经在思考这样的事情。相传，在停车场，他对同行的数学家们说了这样一句话："即使用桌子、椅子和杯子代替点、直线和平面，几何学应该也依旧成立。"

通过以上内容，我们大体上明白了希尔伯特的想法。他认为，数学是假定与未经定义的几个专业术语相关的若干命题为真命题，以此为基础进行形式上的推论的东西。

这里的假定的命题原本相当于欧几里得定义的公理、公设，但是希尔伯特

将它们统称为**公理**。尽管都是公理，但是显然希尔伯特所称的公理与欧几里得、帕斯卡等人所研究的公理在本质上不同。

欧几里得与帕斯卡等人所说的公理，是"不言自明的道理""被成千上万的人承认的明确的事情"。而希尔伯特认为，因为公理表示的是关于"无实质内容"的"某个东西"的条件的命题，所以说它是"明晰的"或者"被成千上万的人承认的"，完全不存在任何问题。希尔伯特认为，公理只不过是纯粹的假设，是为了发展理论而设置的必要的"约定"而已。对他而言，数学理所当然是关于无实质内容的某个对象的形式上的、抽象的理论，而并非为了探究科学性真理而发展出来的东西。例如，在他看来，不管是欧几里得几何学，还是罗巴切夫斯基几何学，抑或是黎曼几何学，全都不过是根据假设推导出来的形式上的理论而已，在数学上它们是完全平等的。

他的这个立场被称为**"形式主义"**。并且，正是这一立场，压倒性地支配着现代数学。现如今的数学站在这个立场上，对各式各样的公理做着各种取舍，并通过将它们组合成各种各样的形式，推导出了很多理论。

因为数学是无实质内容的，所以无论基于何种公理，它都完全不被"是否符合事实"这一"条框"限制①。数学经历了这样一番改头换面，现在它的理论是极度一般化、抽象化的。作为必然结果，数学最终开辟了非常广泛的应用领域。

例如，假设在物理学中，

"速度的导函数与力成正比"

这一结论作为研究的结果得到了确认。那么，在数学中，即使我们完全不了解什么是"力"，什么是"速度"，仅从"对被称为'速度'的某个函数求导，就会与被称为"力"的某个函数成正比"这样的公理出发，通过构建形式化的理论，就能够进行物理学研究。

在改头换面了的欧几里得几何学中的点和线，已经完全不同于现实世界中的点和线，是没有实质内容的词汇。然而，尽管如此，不能否认的是，二者之间依旧具有某种程度上的对应关系。正如通过高斯的测量结果无法对欧几里得几何学进行证明那样，我们将欧几里得的公理、公设作为"相当精密的空间知识"，这一点实际上是很清楚的。那么，对希尔伯特理论中的公理来说，可以将欧几里得几何学中发展的没有实质内容的公理、公设作为"相当精密的空间知识"来使用。

---

① 然而，并非只要打破这一"条框"，现代数学就可以完全肆意地推进。参考本书第十章。

形式主义数学的使命

正如之前多次说过的，形式主义数学是没有现实研究对象的；说得极端一些，也就是数学理论是"纸上谈兵"。那么，究竟要怎样验证这些理论的真理性呢？难道说只需要从任意一个公理出发进行随意的推论即可吗？

物理学等自然科学学科的理论是否正确，可以通过实验验证其是否符合实际情况来确认。其他自然科学学科的情况类似，因为自然科学的目标是对自然现象进行探究。然而，在数学中，研究对象是"某个东西"，所以我们几乎不可能对其进行实际验证。

希尔伯特针对这一点做了进一步的考察，认识到数学理论的真理性在于公理的集合，即**"公理体系"**的**"无矛盾性"**。

他的意思是，从公理体系出发，无论将理论扩大到何处、发展到多么深奥的地步，也绝对不会产生矛盾。换句话说，从公理体系出发，不会同时推导出一个命题和另一个与之矛盾的命题（否命题）。

这样一来，数学理论所依据的主要就是公理体系。数学理论所关心的就仅仅是这两个问题：公理体系具有怎样的特征？从公理体系出发究竟可以得到怎样的结论？

除了无矛盾性这一特征之外，还必须验证的公理体系的特征是它的独立性。为了说明这一点，下面列举一个简单的公理体系。未经定义的术语有两个，分别为"点"和"等于"，并且"等于"用"$\cong$"表示。

（1）点 A 等于它自身，即 $A\cong A$。

（2）若点 A 等于点 B，则点 B 等于点 A，即若 $A\cong B$，则 $B\cong A$。

（3）若点 A 等于点 B，点 B 等于点 C，则点 A 等于点 C，即若 $A\cong B$，$B\cong C$，则 $A\cong C$。

首先，我们关注公理（2）。详细的说明此处不赘述，只需要知道这是一个从其他两个公理出发无法证明的公理的。在这种情况下，我们称公理（2）"独立"于公理（1）、公理（3）。

在以上 3 个公理的基础上，加上公理（4）。

（4）若 $A\cong B$，$B\cong C$，$C\cong D$，则 $A\cong D$。

公理（4）不独立于公理（1）～公理（3）。为什么会这样呢？其证明过程如下。

因为 $A\cong B$，$B\cong C$，根据公理（3）可以得到 $A\cong C$。又因为 $C\cong D$，再次使用公理（3）可以得到 $A\cong D$。

一般来说，像这样不独立于其他公理的公理，只要得到了证明，那么它是否存在就无关紧要了。因此，为了避免做无用功，我们就必须像上面那样研究公理是否互相独立。这种问题被称为"独立性问题"。

即使是可有可无的东西，也是有存在的道理的。从这种观点来看，研究独立性问题无异于画蛇添足。然而，尽管如此，这个问题依旧被数学家们强调，除了个人对学问探求的理由之外，还因为应尽量明确各个公理的作用，以便使用时更加清晰。

话说回来，除了独立性问题之外，关于公理体系必须研究的问题还有范畴的问题、分类的问题、赋予特征的问题等。关于这些问题，在第七章中我们将会提到。

前文的"希尔伯特对数学的思考"和本部分到目前为止的内容是对"形式主义数学的使命"的概略阐述。希尔伯特站在形式主义的立场上，成功地重新建立了欧几里得几何学。实际上，这就是"几何基础论"的主题。

下面，我们选取几何基础论中最初的部分谈一谈。

欧几里得几何学的重编

欧几里得的《几何原本》在逻辑上并非完美无瑕，这一点在第一章中已经讲过。

首先，《几何原本》中并非不存在叙述方法尚不到位的定义。有一个定义是"点是没有部分的东西"。在这个定义中，"部分"这个词到底可不可以称得上是清楚的呢？另外，点这个东西到底是不是可以到处移动呢？还有一个定义是"直线是它上面的许多点以一样的方向排列成的线。"这里的"一样的方向"到底指的是什么呢？再者，有一个定义是"所谓边界，是某个东西结束的地方"，什么叫作结束呢？类似的定义还有很多。无论如何，这些定义恐怕都难以被称为"良好的"定义。这些需要注意的定义中，有些东西早在过去就已经被莱布尼茨等人指出。

并且，在公理、公设中，也能看到一些叙述尚不到位的。例如，公理 7 是"彼此覆盖的物体是全等的"。在这里，一个物体"覆盖"其他物体究竟指的是什么呢？如果指的是使其移动并比较是否覆盖其他物体，那么到底能否使其移动？假设能够使其移动，那么问题来了：移动前后其大小是否会改变？要研究其大小是否发生改变，就无论如何都必须得比较大小，那么，这个命题就陷入同一句话反复的陷阱。指出这一问题的是亥姆霍兹（1821—1894）。

更进一步，自古以来，也有些公理、公设被指出使用了未经假设的结论。下面介绍一个例子，这个例子之前虽然也介绍过，但是在这里再介绍一次。对于《几何原本》第一卷命题 1（见本书第一章），如图 6.17 所示，取线段 *AB*，分别以 *A*、*B* 为圆心，以 *AB* 为半径作圆时，使用了"两个圆会相交"这一假设。然而，这两个圆究竟是否确实会相交呢？对于这一点，无论哪个公理或者公设都没有做出保证。另外，在诸多方面，我们都默认使用"直线将平面分成两个部分"这一结论，但是这个结论也是未经过任何公理或者公设做出保证的。

希尔伯特认为，要在符合形式主义理论的前提下重建欧几里得几何学，首先必须对这些公理、公设进行"整顿"。

欧几里得认为，这些公理、公设尽管不完美，不符合"必须具有论证性"的严格要求，但是其对象主要是依存于我们直观感受的具体的东西，而朴素的直观感受在某种程度上能够辅佐逻辑推断。

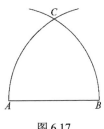

图 6.17

与此相反，因为希尔伯特是从将最基本的对象理解为只是满足公理的"某个东西"这一点出发的，所以即使他想要找到依赖的东西，也不可能在朴素的直观感受中找到应该依赖的东西。

从以上角度出发，希尔伯特在形式主义性地建立欧几里得几何学时，采用的必要且充分的公理体系是以下内容。虽然他也提出了空间几何学的公理体系，但是这里为了简单，决定只介绍平面几何学的公理体系。

这个公理体系中，有 5 个未经定义的基本术语，分别是点、直线、位于……上面、位于……中间和全等。

现在，有被称为**点**的东西的集合，以及被称为**直线**的东西的集合。在它们之间，规定了**位于……上面**、**位于……之间**和**全等**这 3 个关系，并且当这些关系满足下述命题（公理）时，就称上述两个集合关于这 3 个关系构成了"**（欧几里得的）平面**"。

1. 结合公理

（1）只要有两个点，就存在一条直线使得这两个点位于该直线上面。

（2）两个不同的点位于某条直线上面，这样的直线只有一条。

（3）对一条直线来说，至少有两个点位于它上面。

（4）不位于同一直线上面①的点至少有 3 个。

2. 顺序公理

（1）若点 B 位于点 A、C 之间，则点 A、B、C 是位于一条直线上面的 3 个点，并且点 B 位于点 C、A 之间。

定义 1. 所有位于点 A、C 之间的点的整体被称为"线段 AC"。

（2）若点 A、B 为位于一条直线上的两个不同的点，则可以求位于该直线上面的第 3 个点 C，使得点 B 位于点 A、C 之间。

定义 2. 我们称顺序公理（2）中的点 C 位于"线段 AB 的延长线上"。

定义 3. 线段 AB 及其延长线上的点与点 B，形成了点 A 的一侧。

定义 4. 包含点 B 的点 A 的那一侧被称为从点 A 到点 B 的射线。

定义 5. 我们称从点 A 出发的两条射线，形成以它们为"边"的角（只要不同其他角混淆，就将该角记为 $\angle A$）。

（3）若有 3 个点位于一条直线上面，则其中有且仅有一个点位于另外两个点之间。

（4）点 A、B、C 是不（同时）位于任意一条直线上面的 3 个点，当点 A、B、C 中任意一点都不位于直线 α 上面时，如果 α 与线段 AB 有一个共同拥有的点②，则 α 也与线段 AC 或 BC 有一个共同拥有的点③（图 6.18）。

定义 6. 对于直线 l，点 A、B 不位于该直线上面，l 与线段 AB 不拥有共同的点时，称点 A、B 位于 l 的同一侧。规定射线的"一侧"是指射线上的所有点都位于其上的那条直线的"一侧"。

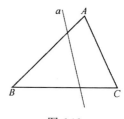

图 6.18

3. 合同公理

（1）有一条线段 AB，且直线 l 上有一点 A'，当点 A' 的某一侧被确定时，在该侧取一点 B'，可以使得 AB 与 $A'B'$ 全等，用 $AB \cong A'B'$ 来表示。

（2）与同一条线段全等的两条线段也全等。

（3）点 B 位于点 A、C 之间，且点 B' 位于点 A'、C' 之间，若 $AB \cong A'B'$，则 $AC \cong A'C'$。

（4）当给定一个角、一条射线，以及其一侧时，以射线为一边，可以在给

① "位于一条直线上面"的否定。
② 拥有位于双方上面的点的意思。
③ 如图 6.18 所示，该命题指出，与三角形的一条边相交的直线，也一定与另外两条边中的一条相交。

定的那一侧作与给定的角全等的角（采用$\angle A \equiv \angle B$等记法）。

（5）当点A、B、C和点A'、B'、C'任意一组的 3 个点都不在同一条直线上时，若$AB \cong A'B'$，$AC \cong A'C'$，$\angle A \cong \angle A'$，则$\angle B \cong \angle B'$。

4．平行公理

当给定一条直线l与不在直线上的一点P时，仅有一条直线经过P且与l没有交点。

5．连续公理

（1）AB、CD为两条线段时，可以取AB所在的直线上的点$A_1, A_2, \cdots, A_n$，使得线段$AA_1, A_1A_2, \cdots, A_{n-1}A_n$都全等于$CD$，且点$B$位于点$A$、$A_n$之间。

（2）在线段AB中取两个点A_1、B_1，在线段A_1B_1中取两个点A_2、B_2，依此类推，所有的线段$AB, A_1B_1, A_2B_2, \cdots$中都有共同拥有的点。

希尔伯特对这些公理相互间的独立性展开了细致的讨论，并且对这个公理体系是否不存在矛盾进行了论述。

在这里，我们说明一下他对无矛盾性进行的讨论。为了说明他的基本思考方式，这里再次引用上文中介绍过的简单公理体系作为例证。

（1）对所有的点A来说它都等于它自身，即$A \cong A$。

（2）若点A等于点B，则点B等于点A，即若$A \cong B$，则$B \cong A$。

（3）若点A等于点B，点B等于点C，则点A等于点C，即若$A \cong B$，$B \cong C$，则$A \cong C$。

对此，如果我们将各个自然数称为"点"，并且当两个自然数在一般意义上相等时称它们"相等"，就可以确认公理（1）～公理（3）是"正确的"命题。像这样满足公理体系的"具体的"东西的存在，实际上对公理体系无矛盾性的问题这一特征给予了非常重要的支撑。

为了达成验证公理体系有无矛盾这一目的，希尔伯特想到了利用笛卡儿解析几何的思想。在解析几何中，点被表示为坐标，如(x, y)；直线被表示为一次方程，如$ux + vy + w = 0$。由于一次方程由系数的比即$u:v:w$决定，因此，说直线可用$u:v:w$表示也是一样的。笛卡儿的根本思想是，以一定的媒介，将图形的几何性质以点坐标之间的关系（特别是代数关系）来表示。希尔伯特想，被转移到"数字世界"的几何学，会不会实际上是满足公理体系的东西，也即是否有可能是具体的平面呢？更详细地说，用(x, y)表示点，用$u:v:w$表示直线，仿照解析几何的思路，建立具体的代数关系，是不是就能够达成验证公理体系有无矛盾的目的呢？

这个尝试实际上最终成功了。以下内容为对其要点的概述。

考虑到所有的实数对 (x, y)，称各个实数对为点。并且，取 u、v、w 这 3 个实数时，如果 u、v 中至少一个不是 0，则将它们的比，即 $u:v:w$ 称为直线。这样一来，点 (x, y) 位于直线 $(u:v:w)$ 上面，指的就是 x、y、u、v、w 这 5 个实数满足一次方程

$$ux + vy + w = 0$$

并且，点 (a_1, b_1)、(a_2, b_2)、(a_3, b_3) 位于直线 $(u:v:w)$ 上面的时候，例如，点 (a_1, b_1) 位于点 (a_2, b_2) 与点 (a_3, b_3) 之间，由数字 b_1 位于 b_2 与 b_3 之间[①]，或 a_1 位于 a_2 与 a_3 之间来定义。

通过以上种种，我们现在能够定义线段、射线、角等术语[②]，并且，可以规定什么是线段与角的相等。线段 (a_1, b_1) - (a_2, b_2) 和线段 (a_1', b_1') - (a_2', b_2') 相等指的是

$$\sqrt{(a_1 - a_2)^2 + (b_1 - b_2)^2} = \sqrt{(a_1' - a_2')^2 + (b_1' - b_2')^2}$$

另外，以从点 (a, b) 出发向 (a_1, b_1) 方向作的射线与从点 (a, b) 出发向 (a_2, b_2) 方向作的射线为边构成的角和以从点 (a', b') 出发向 (a_1', b_1') 方向作的射线与从点 (a', b') 出发向 (a_2', b_2') 方向作的射线为边构成的角全等，意味着下面的等式成立：

$$\frac{(a_1 - a)(a_2 - a) + (b_1 - b)(b_2 - b)}{\sqrt{(a_1 - a)^2 + (b_1 - b)^2}\sqrt{(a_2 - a)^2 + (b_2 - b)^2}} =$$

$$\frac{(a_1' - a')(a_2' - a') + (b_1' - b')(b_2' - b')}{\sqrt{(a_1' - a')^2 + (b_1' - b')^2}\sqrt{(a_2' - a')^2 + (b_2' - b')^2}}$$

那么，如此一来，上面所述的希尔伯特公理体系中，对出现的点、直线、位于……上面、位于……之间、全等等术语全部用现在的含义进行解释时，其结果就是读取出的命题总是正确的。

虽然一一进行确认并非困难之事，但是此处省略详细的论述。我们非常容易就可以知道，对其进行实际验证正好相当于模拟解析几何的推论，或者使用解析几何。例如，结合公理（1）

"只要有两个点，就存在一直线穿过两点"

---

① 即 $b_2 < b_1 < b_3$ 或 $b_2 > b_1 > b_3$。
② 即将希尔伯特公理体系中包含的"定义"用现在的含义理解。

的正确性就可以通过以下方式得到确认。现在，令两个点分别为 (x_1, y_1)、(x_2, y_2)，x_1、y_1、x_2、y_2 这些数就正好满足一次方程：

$$(y_2 - y_1)x + (x_1 - x_2)y + x_1(y_1 - y_2) + y_1(x_2 - x_1) = 0$$

因此，上面的两个点位于直线 $\{(y_2 - y_1) : (x_1 - x_2) : [x_1(y_1 - y_2) + y_1(x_2 - x_1)]\}$ 上面。坐标为 (x_1, y_1)、(x_2, y_2) 的两点通过的直线的方程为

$$y - y_1 = \frac{y_2 - y_1}{x_2 - x_1}(x - x_1)$$

找到这条直线，显然需要使用解析几何的知识。

也就是说，通过上文中的方式，一个具体的"（欧几里得的）平面"诞生了。

以上种种对于希尔伯特公理体系无矛盾性的讨论，可以归结为实数这一概念是否存在矛盾这一更加具体的问题。假设从希尔伯特公理体系出发推导出了矛盾。换言之，假设某一个命题与其否命题同时被推导出来。如果是这样，那么通过将直至矛盾产生为止的推论原封不动地当作关于上面所作的具体平面的推论继续推导下去，最终，从关于实数的正确推论出发就必然会推导出一个矛盾。

如果实数的概念中不存在矛盾，即对于实数，无论怎样展开讨论，都不会产生矛盾，希尔伯特公理体系就是无矛盾性的。对于实数的概念中是否存在矛盾这一问题，后面会详细地论述。

推论的形式与数学

接下来的内容稍微有些偏离正题，然而看到以上推论，读者可能会回想起第一章中讲述过的推论的形式，所以有必要讲一下。

例如：

A 是 B，

B 是 C。

因此，

A 是 C。

无论给 A、B、C 代入怎样的概念，即无论为它们赋予怎样的意义，只要上面两个前提是正确的，那么结论就必然是正确的。这就是推论的形式。

形式主义数学与它是一个思想圈内的产物。

点、直线和位于……上面等术语，就是上面的推论的形式中像 A、B、C 一样的东西，一开始不具有任何意义。并且，公理是像

A 是 B，

$$B \text{ 是 } C。$$

这样的，相当于在推论的形式中作为前提。然后，对于点和直线等代入能够使公理成立的具体内容，据此推导出来的所有理论（即结论），都将是正确的。

从这个观点来看，形式主义数学的作用可以被看作对庞大的推论形式本身的陈述见解。

话说回来，本章开始的主题是，在数学领域采用帕斯卡的"论证性方法"时，如何处理其中提到的"不言自明"的东西。对此，在上文中我们得到的答案是，放弃厘清"不言自明"的东西的本质，索性将其完全扔掉。于是，我们知道从真实的东西和被假设的公理出发进行形式上的推论，就是数学的本质。

帕斯卡的方法的确是非常了不起的，它可能是所有接受真理的方法中最好的那一个，这一点至今都未改变。

这样做绝没有否定帕斯卡的方法的意思，只是搁置"不言自明"这一内容，使用"论证性方法"以外的部分，追求建立在假说之上的理论。

因此，如果假说碰巧被解释为"不言自明的道理"，那么所有的理论都立即成为真理，这是数学具有的特征。

第七章

焕然一新的代数学——群、环、域

二次方程的解法与虚数

第六章讲的是，19 世纪到 20 世纪初期，几何学经历了怎样的发展和改变。本章将会对与之同时代、一直在发展中的代数学的发展进程进行说明。

我们已经讲过，二次方程的解法自古代以来就为世人所知。这里，我们先对其进行回顾。

首先，以二次方程

$$x^2 - 6x + 8 = 0$$

为例。印度人和阿拉伯人的解法如下：

$$x^2 - 6x = -8$$
$$x^2 - 6x + 9 = -8 + 9$$
$$(x-3)^2 = 1$$
$$x - 3 = \pm 1$$
$$x = 2 \text{或} 4$$

之前强调过，使用以下方法更加简单。也就是，首先将由韦达导入的"一般方程"

$$x^2 + ax + b = 0$$

使用与上文中相同的方法解开，具体如下。

$$x^2 + ax = -b$$
$$x^2 + ax + \left(\frac{a}{2}\right)^2 = -b + \left(\frac{a}{2}\right)^2$$
$$\left(x + \frac{a}{2}\right)^2 = \frac{a^2 - 4b}{4}$$
$$x + \frac{a}{2} = \pm \frac{\sqrt{a^2 - 4b}}{2}$$
$$x = \frac{-a \pm \sqrt{a^2 - 4b}}{2} \qquad （1）$$

此时，无须像上面的例子那样一一计算，通过在**"根的公式"**即式（1）中代入 $a = -6$，$b = 8$，就可以轻而易举求出该二次方程的根

$$x = \frac{6 \pm \sqrt{36 - 32}}{2} = 2 \text{或} 4$$

我们之所以在这里要提到它，是因为有一个地方需要注意，即根据上文中的根的公式并非永远都可以像上面那样顺利求出根。下面的这个方程就是其中一例。

$$x^2 + x + 1 = 0$$

之所以这样说，是因为如果对这个方程也套用根的公式，则

$$x = \frac{-1 \pm \sqrt{1 - 4}}{2} = \frac{-1 \pm \sqrt{-3}}{2}$$

这里就出现了一个奇怪的东西，即 $\sqrt{-3}$。

一般的实数 x 只要不是 0，平方运算后必定为正数：

$$x^2 > 0$$

因此，平方运算后为 −3 的实数 $\sqrt{-3}$ 是不可能存在的。那么，这种情况下就只能说根的公式不起作用了。实话实说，这个责任并不在根的公式，而是

$$x^2 + x + 1 = 0$$

这个方程原本就不存在根。如果这个方程存在根 θ，因为

$$\theta^2 + \theta + 1 = 0$$

通过采取与计算出根的公式时相同的运算，可以得到

$$\theta^2 + \theta = -1$$

$$\theta^2 + \theta + \left(\frac{1}{2}\right)^2 = \left(\frac{1}{2}\right)^2 - 1$$

$$\left(\theta + \frac{1}{2}\right)^2 = -\frac{3}{4}$$

因为等式右边为负数，根据上文的内容可知 $\theta + \dfrac{1}{2}$ 与 θ 都不能被称为"数"，即

$$x^2 + x + 1 = 0$$

这个方程不存在根。

在这里，让人有些困惑的是，如果强行将 $\sqrt{-3}$ 看作数，那么，事实上

$$\frac{-1+\sqrt{-3}}{2} \text{和} \frac{-1-\sqrt{-3}}{2}$$

的确是

$$x^2 + x + 1 = 0$$

的根：

$$\left(\frac{-1+\sqrt{-3}}{2}\right)^2 + \frac{-1+\sqrt{-3}}{2} + 1 = 0$$

$$\frac{1-2\sqrt{-3}+(-3)}{4} + \frac{1+\sqrt{-3}}{2} + 1 = 0$$

$$\frac{-1-\sqrt{-3}}{2} + \frac{1+\sqrt{-3}}{2} + 1 = 0$$

如果仔细思考可知，这种情况下，根本没有必要设想诸如 $\sqrt{-3}$、$\sqrt{-5}$ 等东西，实际上只要将

$$\sqrt{-1}$$

看作一个数，那么一切问题都将迎刃而解。之所以这样，是因为此时如果

$$\left(\sqrt{5} \cdot \sqrt{-1}\right)^2 = -5$$

$$\left(\sqrt{3} \cdot \sqrt{-1}\right)^2 = -3$$

可得

$$\sqrt{5} \cdot \sqrt{-1} = \sqrt{-5}$$

$$\sqrt{3} \cdot \sqrt{-1} = \sqrt{-3}$$

所以，根据上述内容，就必然也可以将 $\sqrt{-5}$、$\sqrt{-3}$ 看作数。

因此，在这样设想的情况下，无论是怎样的二次方程都一定拥有两个根，显而易见，这两个根是根据根的公式计算得出的。这样一来，在这里就产生了一个两难之处："有一个叫 $\sqrt{-1}$ 的东西，虽然它不是数，但是将其看作数就会无可比拟的方便"。

正如从上文中的 $\sqrt{-5}$、$\sqrt{-3}$ 的例子中我们可以知道的那样，将 $\sqrt{-1}$ 看作数时，结果中包含更广泛的数，并且它们都被写作

$$a + b\sqrt{-1} \quad (a、b 为实数, b \neq 0)$$

的形式。一般来说，因为这样的数可以通过在实数与 $\sqrt{-1}$ 之间实施四则运算得到，例如必须像下面这种形式：

$$-\frac{8}{\sqrt{-1}} + \frac{6 + \sqrt{-1}}{2 + \sqrt{-1} + 5\left(\sqrt{-1}\right)^2}$$

现在我们通过上面这个式子验证一下上文中的事实。首先，将其通分，使其成为一个分数

$$\frac{-16 - 2\sqrt{-1} - 39\left(\sqrt{-1}\right)^2}{2\sqrt{-1} + \left(\sqrt{-1}\right)^2 + 5\left(\sqrt{-1}\right)^3}$$

在这里，如果使用 $\left(\sqrt{-1}\right)^2 = -1$，那么因为

$$\left(\sqrt{-1}\right)^3 = \left(\sqrt{-1}\right)^2 \sqrt{-1} = -\sqrt{-1}$$

$$\left(\sqrt{-1}\right)^4 = \left(\sqrt{-1}\right)^2 \left(\sqrt{-1}\right)^2 = 1$$

$$\cdots$$

所以

$$\frac{-16 - 2\sqrt{-1} - 39\left(\sqrt{-1}\right)^2}{2\sqrt{-1} + \left(\sqrt{-1}\right)^2 + 5\left(\sqrt{-1}\right)^3} = \frac{23 - 2\sqrt{-1}}{-1 - 3\sqrt{-1}}$$

将分子与分母同时乘 $-1+3\sqrt{-1}$

$$\frac{\left(23-2\sqrt{-1}\right)\left(-1+3\sqrt{-1}\right)}{\left(-1-3\sqrt{-1}\right)\left(-1+3\sqrt{-1}\right)}$$

$$=\frac{-17+71\sqrt{-1}}{10}=-\frac{7}{10}+\frac{71}{10}\sqrt{-1}$$

这正是上文中所说的 $a+b\sqrt{-1}$ 的形式。

对这样的数实施四则运算的结果如下：

$$\left(a+b\sqrt{-1}\right)\pm\left(a'+b'\sqrt{-1}\right)$$
$$=(a\pm a')+(b\pm b')\sqrt{-1} \qquad\qquad（2）$$
$$\left(a+b\sqrt{-1}\right)\left(a'+b'\sqrt{-1}\right)$$
$$=aa'+(a'b+ab')\sqrt{-1}+bb'\left(\sqrt{-1}\right)^2$$
$$=(aa'-bb')+(a'b+ab')\sqrt{-1} \qquad\qquad（3）$$

$$\frac{a+b\sqrt{-1}}{a'+b'\sqrt{-1}}=\frac{\left(a+b\sqrt{-1}\right)\left(a'-b'\sqrt{-1}\right)}{\left(a'+b'\sqrt{-1}\right)\left(a'-b'\sqrt{-1}\right)}$$

$$=\frac{aa'+(a'b-ab')\sqrt{-1}-bb'\left(\sqrt{-1}\right)^2}{a'^2-b'^2\left(\sqrt{-1}\right)^2}$$

$$=\frac{aa'+bb'}{a'^2+b'^2}+\frac{a'b-ab'}{a'^2+b'^2}\sqrt{-1} \qquad\qquad（4）$$
$$（令 a'^2+b'^2\neq0, a'b-ab'\neq0）$$

最终得到的数被称为"**虚数**"。

意大利数学家邦贝利（1526—1572）、法国数学家吉拉尔（1595—1632）等人最先断定这样的数为"新的数"。

大多数与他们身处相同时代（16 世纪左右）的数学家尽管受到阿拉伯数学的巨大影响，却连方程的负数根都不认可。即使是韦达，遇到出现负数根的情况，也只是简单地将其舍弃。从这样的立场来看，邦贝利与吉拉尔二人的想法，在那个时代来说无疑是破天荒的。

然而，由于虚数的便利性，在那之后，上述虚数的思考方式逐渐成为支配性的思考方式。这个"想象中的数"——虚数，被越来越多地呈现在现实中。

话虽如此，虚数进行平方运算之后有时会变成负数。虚数因为具有这样奇妙的性质，所以无可否认地带给了人们相当多的神秘感。

　　甚至连牛顿、莱布尼茨之后的数学家，例如欧拉，都巧妙利用虚数收获了一些成果。而他在发表这些成果时会附加解释，即"这个公式虽然包含虚数，但是非常有用"。并且，即使进入 19 世纪，连伟大的数学家高斯（图 7.1）也在写给他的朋友的信中使用了"如果从中剔除'那个假设的数'的话……"这样的语言来为虚数的实用性"辩护"。因为虚数（imaginary number）这个词容易招致误解，所以高斯提倡使用"**复数**"（complex number）[①]。

图 7.1

　　也就是说，到了近 19 世纪中期，毋庸置疑，欧洲人无一不是一边经常使用着虚数，一边对它的实用性抱有颇多的不安。

　　历史上第一个对虚数持有自信的态度，并且积极承认虚数的人是柯西。他曾明确地说过："在代数学中，'符号性质的表现'和'符号'是结合了代数符号的东西，而它本身要么不具有任何意义，要么被赋予了与它自然具有的意义不一样的意义。""虚数也是符号性质的表现。"

　　通过将 $\sqrt{-1}$ 看作数而产生的所有虚数都可以写作

$$a+b\sqrt{-1} \quad （a、b 为实数，\ b \neq 0）$$

的形式，这一点在上面已经说过。柯西认为，对它本身而言，这不过是被写作那样的"符号性质的表现"而已，但是我们给它赋予了新的意义。该意义是类似于 $\sqrt{-1}$ 是"-1 的平方根"这样的，与该符号"自然具有的意义"基本不同，并且如果情况需要，即使赋予该符号以与其"自然具有的意义"完全不同的意义也无妨。

　　站在这个立场上，柯西给上文中的"符号性质的表现"赋予了与相等和四则运算相关的意义，也即定义，具体如下。

　　（1）$a+b\sqrt{-1} = a'+b'\sqrt{-1}$ 意味着 $a = a'$，$b = b'$。

　　（2）$\left(a+b\sqrt{-1}\right) \pm \left(a'+b'\sqrt{-1}\right)$ 意味着 $(a \pm a') + (b \pm b')\sqrt{-1}$。

　　（3）$\left(a+b\sqrt{-1}\right)\left(a'+b'\sqrt{-1}\right)$ 意味着 $(aa'-bb') + (ab'+a'b)\sqrt{-1}$。

---

① 因为虚数可以写作使用 1 与 $\sqrt{-1}$ 这两个单位的 $a \cdot 1 + b \cdot \sqrt{-1}$ 的形式，所以将其命名为"复数"。

（4） $\dfrac{a+b\sqrt{-1}}{a'+b'\sqrt{-1}}$ 意味着 $\dfrac{aa'+bb'}{a'^2+b'^2}+\dfrac{a'b-ab'}{a'^2+b'^2}\sqrt{-1}$ $(a'^2+b'^2\neq0)$ 。

以后人的眼光来看，上述柯西的定义存在着一些不足。例如，基于上述定义时，关于为什么在这些新的数之间可以运用各种运算法则这一点的考察并不充分。另外，$a+b\sqrt{-1}$ 中的"＋"与（2）中定义的"＋"之间，似乎存在稍许的混淆。

然而，无论如何，最终我们认识到虚数不过是"符号性质的表现"，虚数的性质为我们所规定的性质，并且我们揭开了虚数神秘的面纱。不得不说这是一个划时代的创举。

"虚数是数吗？"这是 18 世纪的人将虚数使用在各种各样的问题中，并发现它极具价值时，直面的一个重大的问题。然而，这个问题非常类似于"竹筏是船吗？"当"船"的概念比较模糊的时候，针对这一问题的任何回答都不可能不具有神秘性。

从"为了逻辑性地推进这个话题，应该清晰地规定被使用的语言的含义，以防不同人之间意见有分歧"这一立场出发，"何谓数"这一问题是我们不得不回答的问题。

虚数的构成

哈密顿（1805—1865）、格拉斯曼（1809—1877）等数学家改进了柯西的定义中的不足之处，并进行了严密的论述。下面我们来谈一谈。

首先，对于所有的实数对 (a,b)，强制规定称它们为**复数**。虽然将它们写作 $a+b\sqrt{-1}$ 没什么问题，但是为了不让这里的"+"这个符号和 $b\sqrt{-1}$ 中包含的乘法观念与新定义的"+""×"混淆，采取使用括号这样的方法书写。

在这样的"符号性质的表现"中，采用以下方法定义相等和四则运算。

（1） $(a,b)=(c,d)$ 意味着 $a=c,b=d$ 。

（2） $(a,b)+(c,d)=(a\pm c,b\pm d)$ 。

（3） $(a,b)(c,d)=(ac-bd,ad+bc)$ 。

（4） $\dfrac{(a,b)}{(c,d)}=\left(\dfrac{ac+bd}{c^2+d^2},\dfrac{bc-ad}{c^2+d^2}\right)(c^2+d^2\neq0)$ 。

我们必须尝试研究像这样创造出来的数（被称为复数甚至虚数）在实际中应用是否合适。

首先，思考实数对中后面的数为 0 时的特殊复数，如 $(a,0)$ 。根据定义我们

可以立即知道

$$(a,0)+(b,0)=(a+b,0)$$

$$(a,0)-(b,0)=(a-b,0)$$

$$(a,0)(b,0)=(ab,0)$$

$$\frac{(a,0)}{(b,0)}=\left(\frac{a}{b},0\right)(b\neq 0)$$

这表明，$(a,0)$ 形式的复数之间相加、相减、相乘或相除时，只需要无视 "$(,0)$"，只关注 a 或 b，然后实施上述操作即可。也就是说，我们能够确认，$(a,0)$ 形式的复数实际上与实数 a 具有完全相同的作用。

由此，我们可以将 $(a,0)$ 与 a 看作相同的，前者单单写作 a 也并无大碍。然后，如此一来，我们就可以说复数包含实数，实数是特殊的复数。

众所周知，一般来说复数能够进行加、减、乘、除运算，只需要下面的 9 个法则成立即可。注意，法则中的复数全都用 α、β、γ 等来表示。

（1）$\alpha+\beta=\beta+\alpha$。

（2）$(\alpha+\beta)+\gamma=\alpha+(\beta+\gamma)$。

（3）$\alpha+0=0+\alpha=\alpha((0,0)=0)$。

（4）$(\beta-\alpha)+\alpha=\beta$。

（5）$\alpha\beta=\beta\alpha$。

（6）$(\alpha\beta)\gamma=\alpha(\beta\gamma)$。

（7）$\alpha1=1\alpha=\alpha((1,0)=1)$。

（8）若 $\alpha\neq 0$，则 $\alpha\cdot\dfrac{\beta}{\alpha}=\beta$。

（9）$\alpha(\beta+\gamma)=(\beta+\gamma)\alpha=\alpha\beta+\alpha\gamma$。

如果一一验证就可以知道以上这些等式都是成立的。例如，等式（4）与等式（8）可以通过如下方式验证。

对等式（4），令 $\alpha=(a,b)$，$\beta=(c,d)$，则

$$(\beta-\alpha)+\alpha=\{(c,d)-(a,b)\}+(a,b)$$

$$=(c-a,d-b)+(a,b)$$

$$=(c,d)$$

$$=\beta$$

对等式（8），同样，令 $\alpha=(a,b)$，$\beta=(c,d)$，则

$$\alpha \cdot \frac{\beta}{\alpha} = (a,b)\frac{(c,d)}{(a,b)}$$

$$= (a,b)\left(\frac{ac+bd}{a^2+b^2}, \frac{ad-bc}{a^2+b^2}\right)$$

$$= \left(\frac{a^2c+abd}{a^2+b^2} - \frac{abd-b^2c}{a^2+b^2}, \frac{abc+b^2d}{a^2+b^2} - \frac{a^2d-abc}{a^2+b^2}\right)$$

$$= (c,d)$$

$$= \beta$$

于是可以得到结论，复数之间是可以自由地进行一般的四则运算的。

现在我们尝试对 $(0,1)$ 这个复数进行平方运算：

$$(0,1)^2 = (0,1)(0,1) = (-1,0) = -1$$

即将这个复数平方后，得到 -1，它非常好地具备那个存在问题的数 $\sqrt{-1}$ 的性质。因此，为了方便，我们规定将它写作 $\sqrt{-1}$[①]。

此时，任意的复数 $\alpha = (a,b)$ 都可以写作

$$(a,b) = (a,0) + (0,b) = (a,0) + (b,0)(0,1) = a + b\sqrt{-1}$$

之前讲过的虚数的形式在这里作为正确的结论出现了。

根据以上内容，我们可以知道，上面定义的复数具有与之前的虚数完全一致的性质。因此，最终我们可以说，虚数的创造是一个成功之举。

上文中提及高斯在诸多方面，尤其是在整数论的重要研究中使用了虚数，但是高斯为了防止虚数的内容招致误解，致力于将虚数变成"肉眼可见的东西"。

高斯采用的方法并不复杂，如图 7.2 所示，仅仅是基于将

$$a + b\sqrt{-1}$$

表示为平面上坐标为 (a,b) 的点。

如此一来，一切实数都可以在 x 轴上表示，$\sqrt{-1}$ 可以用 y 轴上坐标为 $(0,1)$ 的点表示。

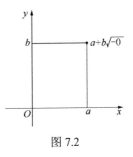

图 7.2

虽然这并不是他的发明，但是他充分地认识到了这个方法的作用，并强调了它的重要性。事实上，正如他所言，在讨论与复数相关的话题时，它是一个使用起来非常有效的方法。当将平面视为复数的表现场所时，我们习惯称平面为"**高斯平面**"（又称复平面）。

接下来要讲的话题会稍微偏离正题。柯西和高斯在考虑到定义在复数的集合上并且值为复数的函数时，知道了隐藏在解析几何深处未曾被发现的知识开

---

① 也常被写作 i。

始重见天日了。另外，他们发现在这样的函数中，有一些具有极其优美的性质。这些知识随后经过黎曼、魏尔斯特拉斯（1815—1897）等人之手，形成了被称为"复变函数论"的全新领域。

这样一来，应该可以说虚数已经不是"虚"的数了。

"域"的概念

上文中我们讲到，复数之间是可以自由地进行加、减、乘、除运算的，"可以自由进行加、减、乘、除运算"这一事实可以表现为以下几点。

（1）加、减、乘、除运算经过定义，实施后结果依旧为复数。

（2）以下 9 个法则成立。

① $\alpha + \beta = \beta + \alpha$ 。

② $(\alpha + \beta) + \gamma = \alpha + (\beta + \gamma)$ 。

③ $\alpha + 0 = 0 + \alpha = \alpha$ 。

④ $(\beta - \alpha) + \alpha = \beta$ 。

⑤ $\alpha\beta = \beta\alpha$ 。

⑥ $(\alpha\beta)\gamma = \alpha(\beta\gamma)$ 。

⑦ $\alpha 1 = 1\alpha = \alpha$ 。

⑧ $\alpha \cdot \dfrac{\beta}{\alpha} = \beta$ （ $\alpha \neq 0$ ）。

⑨ $\alpha(\beta + \gamma) = (\beta + \gamma)\alpha = \alpha\beta + \alpha\gamma$ 。

然而，"能够自由进行四则运算"的数[①]还有很多。实数就是其中的一例。整数和分数被统称为"**有理数**"，所有的有理数都具有相同的性质。首先，通过以下内容我们可以知道，对有理数实施四则运算后得到的结果依旧为有理数：

$$\frac{n}{m} \pm \frac{n'}{m'} = \frac{m'n \pm mn'}{mm'}$$

$$\frac{n}{m} \cdot \frac{n'}{m'} = \frac{nn'}{mm'}$$

$$\frac{\dfrac{n}{m}}{\dfrac{n'}{m'}} = \frac{m'n}{mn'}$$

---

① 此时，相当于性质（1）自然变成"对某一范围内的数实施加、减、乘、除后，结果依旧为该范围内的数"。

而且，在有理数之间进行的四则运算显然也都符合性质（2）中的法则。还存在如下例子。取有理数 a、b，所有能够写成

$$a + b\sqrt{2}$$

的数，都具有相同的性质。对于性质（2），其明显符合；对于性质（1），即对这些数实施加、减、乘、除运算后的结果也是具有相同形式的数这一点，可以通过以下内容得到确认：

$$\left(a + b\sqrt{2}\right) \pm \left(a' + b'\sqrt{2}\right) = (a \pm a') + (b \pm b')\sqrt{2}$$

$$\left(a + b\sqrt{2}\right)\left(a' + b'\sqrt{2}\right) = aa' + (a'b + ab')\sqrt{2} + bb'\sqrt{2}^2$$

$$= (aa' + 2bb') + (a'b + ab')\sqrt{2}$$

$$\frac{a + b\sqrt{2}}{a' + b'\sqrt{2}} = \frac{\left(a + b\sqrt{2}\right)\left(a' - b'\sqrt{2}\right)}{\left(a' + b'\sqrt{2}\right)\left(a' - b'\sqrt{2}\right)}$$

$$= \frac{aa' + (a'b - ab')\sqrt{2} - bb'\sqrt{2}^2}{a'^2 - b'^2\sqrt{2}^2}$$

$$= \frac{aa' - 2bb'}{a'^2 - 2b'^2} + \frac{a'b - ab'}{a'^2 - 2b'^2}\sqrt{2}$$

并且，即使不属于数，例如一切形式为

$$\frac{ax^m + bx^{m-1} + \cdots + c}{a'x^m + b'x^{m-1} + \cdots + c'}$$

的东西，即被称为"分式"的东西，也可以形成能够自由加、减、乘、除的范围。对于这一点，一一尝试就能知道。一般来说，像这样能够自由地进行四则运算的数或者式的范围，我们称为"域"①。那么，全体有理数、全体实数、全体分式，以及全体形式为

$$a + b\sqrt{2}$$

的数，都可以形成域。

与此相反，全体自然数无法形成域。其原因在于，一般来说，自然数相减，其差不一定为自然数，如：

$$1 - 3 = -2$$

---

① 德语为"Korper"。

另外，全体**整数**①也无法形成域。其原因在于，一般来说，整数相除，其商不一定为整数，如：

$$1 \div 3 = \frac{1}{3}$$

代数学基本定理

现在，我们已经能够确立复数的概念。据此，所有以实数为系数的二次方程

$$x^2 + ax + b = 0$$

都拥有两个根

$$\frac{-a + \sqrt{a^2 - 4b}}{2}, \frac{-a - \sqrt{a^2 - 4b}}{2}$$

即若

$$a^2 - 4b \geqslant 0$$

两个根为实数，若

$$a^2 - 4b < 0$$

则两个根为复数

$$\left(-\frac{a}{2}\right) + \frac{\sqrt{4b - a^2}}{2}\sqrt{-1}, \left(-\frac{a}{2}\right) - \frac{\sqrt{4b - a^2}}{2}\sqrt{-1}$$

这里仍然有一个不确定因素，就是通过这些我们知道了以实数为系数的二次方程是拥有根的，但是如果思考以复数为系数的二次方程，会不会也是同样的结果，即如果进一步扩大系数的范围，二次方程是不是也拥有根？

实际上，不仅是二次方程，就算是三次、四次方程，情况也都一样。一般来说，无论是几次方程，只要系数为复数，就必定拥有为复数的根。关于这一点，高斯证明了下列定理："系数 $\alpha, \beta, \cdots, \gamma$ 为复数的方程

$$x^n + ax^{n-1} + \beta x^{n-2} + \cdots + \gamma = 0 \quad (n \text{ 为正整数}) \tag{5}$$

至少拥有一个为复数的根"②。

这个定理是他的学位论文中的内容，即使是现在这个定理也非常重要，它被称为"**代数学基本定理**"。

根据这一定理，可以确定系数为复数的 n 次方程（5）总是拥有 n 个为复数的根。下面进行说明。

---

① 指 $0, \pm 1, \pm 2, \cdots$。

② 当然，$\alpha, \beta, \cdots, \gamma$ 为实数时，可以看作这个定理的特殊情况，因为实数是特殊的复数。

首先，令方程（5）的一个根为 θ_1 。然后，将式

$$x^n + ax^{n-1} + \beta x^{n-2} + \cdots + \gamma$$

除以 $x - \theta_1$ ，令其商为 $x^{n-1} + a'x^{n-2} + \cdots + \gamma'$ ，余数为 R ：

$$x^n + ax^{n-1} + \beta x^{n-2} + \cdots + \gamma$$
$$= (x - \theta_1)(x^{n-1} + a'x^{n-2} + \cdots + \gamma') + R$$

在这里，将 $x = \theta_1$ 代入，因为等式左边和等式右边第一项为 0，所以

$$R = 0$$

可以得到

$$x^n + ax^{n-1} + \beta x^{n-2} + \cdots + \gamma$$
$$= (x - \theta_1)(x^{n-1} + a'x^{n-2} + \cdots + \gamma')$$

这意味着，以复数为系数的 n 次方程总是拥有一次方程的因数。现在将这个性质应用于

$$x^{n-1} + a'x^{n-2} + \beta'x^{n-3} + \cdots + \gamma'$$

则

$$x^{n-1} + a'x^{n-2} + \beta'x^{n-3} + \cdots + \gamma'$$
$$= (x - \theta_2)(x^{n-2} + a''x^{n-3} + \cdots + \gamma'')$$

因此

$$x^n + ax^{n-1} + \beta x^{n-2} + \cdots + \gamma$$
$$= (x - \theta_1)(x - \theta_2)(x^{n-2} + \cdots + \gamma'')$$

下面也以同样的方式进行运算，最终可以得到

$$x^n + ax^{n-1} + \beta x^{n-2} + \cdots + \gamma$$
$$= (x - \theta_1)(x - \theta_2) \cdots (x - \theta_n)$$

因此，我们可以知道，方程（5）拥有 $\theta_1, \theta_2, \cdots, \theta_n$ ，共计 n 个根。

代数的解法

上文中我们已经反复说过，二次方程

$$x^2 + ax + b = 0$$

的根的公式为

$$\frac{-a \pm \sqrt{a^2 - 4b}}{2}$$

并且，在 16 世纪，根据费罗（1465—1526）、塔尔塔利亚（约 1499/1500—1557）、卡尔达诺（1501—1576）等人的发现，三次方程

$$x^3 + ax^2 + bx + c = 0$$

的根的公式为

$$x = \sqrt[3]{\dfrac{-\left(\dfrac{2}{27}a^3 - \dfrac{1}{3}ab + c\right) + \sqrt{\left(\dfrac{2}{27}a^3 - \dfrac{1}{3}ab + c\right)^2 + \dfrac{4}{27}\left(b - \dfrac{a^2}{3}\right)^3}}{2}} +$$

$$\sqrt[3]{\dfrac{-\left(\dfrac{2}{27}a^3 - \dfrac{1}{3}ab + c\right) - \sqrt{\left(\dfrac{2}{27}a^3 - \dfrac{1}{3}ab + c\right)^2 + \dfrac{4}{27}\left(b - \dfrac{a^2}{3}\right)^3}}{2}} - \dfrac{a}{3}$$

或

$$\omega\sqrt[3]{\dfrac{-\left(\dfrac{2}{27}a^3 - \dfrac{1}{3}ab + c\right) + \sqrt{\left(\dfrac{2}{27}a^3 - \dfrac{1}{3}ab + c\right)^2 + \dfrac{4}{27}\left(b - \dfrac{a^2}{3}\right)^3}}{2}} +$$

$$\omega^2\sqrt[3]{\dfrac{-\left(\dfrac{2}{27}a^3 - \dfrac{1}{3}ab + c\right) - \sqrt{\left(\dfrac{2}{27}a^3 - \dfrac{1}{3}ab + c\right)^2 + \dfrac{4}{27}\left(b - \dfrac{a^2}{3}\right)^3}}{2}} - \dfrac{a}{3}$$

或

$$\omega^2\sqrt[3]{\dfrac{-\left(\dfrac{2}{27}a^3 - \dfrac{1}{3}ab + c\right) + \sqrt{\left(\dfrac{2}{27}a^3 - \dfrac{1}{3}ab + c\right)^2 + \dfrac{4}{27}\left(b - \dfrac{a^2}{3}\right)^3}}{2}} +$$

$$\omega\sqrt[3]{\dfrac{-\left(\dfrac{2}{27}a^3 - \dfrac{1}{3}ab + c\right) - \sqrt{\left(\dfrac{2}{27}a^3 - \dfrac{1}{3}ab + c\right)^2 + \dfrac{4}{27}\left(b - \dfrac{a^2}{3}\right)^3}}{2}} - \dfrac{a}{3}$$

其中

$$\omega = \dfrac{-1 + \sqrt{3}\sqrt{-1}}{2}$$

这里应该注意的是，这些公式都是由一般方程的系数 a、b 或 a、b、c，以及几个确定的复数，即 2、4、ω、$\dfrac{2}{27}$ 等，经过加、减、乘、除、求平方根、求立方根等所谓的"**代数运算**"构成的。

一般来说，发现这样的根的公式时，我们称相应次数的方程"**可以求代数**

解"。所谓的根，是代入方程的"x"处时使方程等于 0 的东西。因此，如果清楚地复述一遍上文的内容，那么该内容如下："从一般方程的系数，以及几个复数出发，通过代数运算形成公式，如果将该式代入方程时结果能够为 0，则称相应次数的方程可以求代数解。"

那么，二次方程、三次方程就是**可以求代数解**的。并且，费拉里（1522—1565）证明了四次方程也是可以求代数解的。

不能忘记的是，可以求代数解与存在根是两件完全不同的事。尽管代数学基本定理看上去像是主张一切方程都拥有根，但是它指的并不是方程可以求出代数解。

那么，五次方程、六次方程等方程的代数解法会是怎样的呢？自从三次方程、四次方程的代数解法成功被数学家们找到以来，代数学的研究焦点就转移到了更高次方程的代数解法上。估计当时所有致力于研究代数学的数学家们，都在研究这个问题。

事与愿违，不幸的是，最终数学家们历经千辛万苦都没有发现更高次方程的求根公式。

最终，因为这个问题太过难解，出现了一种"沉迷于这个问题的研究会要人命"的说法，有的数学家甚至极力避免后起之秀接触这个问题。

尽管如此，最终的结果却是出乎意料的。数学家阿贝尔（1802—1829）（图 7.3）全然不顾前辈的忠告，毅然决然埋头研究这一问题，最终得出了"五次方程无代数解法"这一结论。

相传，他将该结论写信寄给当时的数学泰斗高斯，但因为标题写的是"论代数方程——一般五次方程无根式解的证明"，导致高斯根本不予理睬，因此他对高斯"怀恨在心"。实际上，高斯之所以不予理睬，是因为阿贝尔在写"解一般五次方程……"时，不小心遗漏了"代数"这一修饰词。

此外，被称为"天才儿童"的伽罗瓦（1811—1832）（图 7.4）使用了划时代的方法，得到了"五次及以上方程无代数解"这一结论。在他因与人决斗而离开人世的前夕，他将这一方法写信寄给好友，因此该方法得以流传。

这里必须要充分注意的是，阿贝尔和伽罗瓦并非主张"一切"五次方程、"一切"六次方程都无法通过四则运算与根号运算求解。例如，对于任意以 a 为系数的方程

$$x^5 - ax^4 - 7ax^3 + 7a^2x^2 - 8a^2x + 8a^3 = 0$$

因为可以变形为

$$(x-a)(x^2+a)(x^2-8a) = 0$$

图 7.3

图 7.4

所以的确可以通过四则运算与根号运算解开，结果为

$$x = a\text{或} \pm \sqrt{-a} \text{或} \pm \sqrt{8a}$$

他们并不是连上述情况都要否定，而是完全排除系数的特殊性，认为所谓的"一般方程"

$$x^5 + ax^4 + bx^3 + cx^2 + dx + e = 0$$

无法通过四则运算与根号运算解开。换言之，他们认为，无法找到通用于一切方程的根的公式。

用现代的话来说，阿贝尔、伽罗瓦的思考方式的要点在于，将是否存在根的公式这一问题，转化成了"域"这一概念。

首先，针对二次方程与三次方程，我们说明一下这一点。

二次方程

$$x^2 + ax + b = 0 \tag{6}$$

的根的公式为

$$\frac{-a \pm \sqrt{a^2 - 4b}}{2}$$

在这里，我们尝试建立下面这 3 个域。

（1）全体复数的域，记作 K。

（2）K 中的元素，即任意复数与符号 a、b 之间经过四则运算形成的算式，如一切类似于

$$a^2 + b^2 + 3 \text{、} a^2 - \frac{3}{b} \text{、} \frac{1}{a-b}$$

的算式，显然形成了一个新的域，记作 K_1。

（3）假设有下列算式：

$$\theta^2 = a^2 - 4b$$

因为它是 K 的元素 4、a、b 之间经过四则运算后得到的算式，所以的确是 K_1 的元素。现在，形成下列算式

$$\sqrt{\theta}$$

如果考虑它与 K_1 的元素之间经过四则运算得到的一切算式，那么就又形成了一个新的域，记作 K_2。

那么，

$$\frac{-a + \sqrt{a^2 - 4b}}{2} = \frac{-a + \sqrt{\theta}}{2}$$

$$\frac{-a - \sqrt{a^2 - 4b}}{2} = \frac{-a - \sqrt{\theta}}{2}$$

自然是 K_2 的元素。这就意味着，K_2 中包含方程（6）的根。

根据上文讲述的内容，三次方程

$$x^3 + ax^2 + bx + c = 0$$

拥有

$$\sqrt[3]{\frac{-\left(\frac{2}{27}a^3 - \frac{1}{3}ab + c\right) + \sqrt{\left(\frac{2}{27}a^3 - \frac{1}{3}ab + c\right)^2 + \frac{4}{27}\left(b - \frac{a^2}{3}\right)^3}}{2}} +$$

$$\sqrt[3]{\frac{-\left(\frac{2}{27}a^3 - \frac{1}{3}ab + c\right) - \sqrt{\left(\frac{2}{27}a^3 - \frac{1}{3}ab + c\right)^2 + \frac{4}{27}\left(b - \frac{a^2}{3}\right)^3}}{2}} - \frac{a}{3}$$

等根的公式。针对三次方程，也和上文中的二次方程一样，进行以下操作。将域 L 的元素与 $x, y, z, \cdots$ 经过四则运算后得到的全体算式形成的新的域，称为"L 与 $x, y, z, \cdots$ 形成的域"。

（1）全体复数的域，记作 K。

（2）K 与符号 a、b、c 形成的域，记作 K_1。

（3）$\theta_1 = \left(\frac{2}{27}a^3 - \frac{1}{3}ab + c\right)^2 + \frac{4}{27}\left(b - \frac{a^2}{3}\right)^3$ 为 K_1 的元素。$\sqrt{\theta_1}$ 与 K_1 形成的域，记作 K_2。

（4）如果令 $\theta_2 = \dfrac{-\left(\dfrac{2}{27}a^3 - \dfrac{1}{3}ab + c\right) + \sqrt{\theta_1}}{2}$，则 θ_2 是 K_2 的元素。K_2 与 $\sqrt[3]{\theta_2}$ 形成的域，记作 K_3。

（5）如果令 $\theta_3 = \dfrac{-\left(\dfrac{2}{27}a^3 - \dfrac{1}{3}ab + c\right) - \sqrt{\theta_1}}{2}$，则 θ_3 为 K_2 的元素，因此也为 K_3 的元素。K_3 与 $\sqrt[3]{\theta_3}$ 形成的域，记作 K_4。

那么，

$$\sqrt[3]{\dfrac{-\left(\dfrac{2}{27}a^3 - \dfrac{1}{3}ab + c\right) + \sqrt{\left(\dfrac{2}{27}a^3 - \dfrac{1}{3}ab + c\right)^2 + \dfrac{4}{27}\left(b - \dfrac{a^2}{3}\right)^3}}{2}} +$$

$$\sqrt[3]{\dfrac{-\left(\dfrac{2}{27}a^3 - \dfrac{1}{3}ab + c\right) - \sqrt{\left(\dfrac{2}{27}a^3 - \dfrac{1}{3}ab + c\right)^2 + \dfrac{4}{27}\left(b - \dfrac{a^2}{3}\right)^3}}{2}} - \dfrac{a}{3}$$

$$= \sqrt[3]{\theta_2} + \sqrt[3]{\theta_3} - \dfrac{a}{3}$$

当然是 K_4 的元素。

从上文的二次方程和三次方程这两个例子中，我们显然可以知道，从根的公式的性质出发，如果方程

$$x^n + ax^{n-1} + bx^{n-2} + \cdots + c = 0 \tag{7}$$

存在根的公式，即如果方程可以求代数解，一般可以得到以下结论。

从全体复数的域 K，以及表示方程（7）的系数的符号 $a, b, c, \cdots$ 形成的域 K_1 出发，进行以下操作。

首先，从 K_1 中取 θ_1，形成

$$\sqrt[\alpha]{\theta_1} \quad （\alpha \text{ 是类似于 } 2,3,4,\cdots\text{的数}）$$

思考 K_1 与 $\sqrt[\alpha]{\theta_1}$ 形成的域 K_2。

接下来，从 K_2 中取 θ_2，形成

$$\sqrt[\beta]{\theta_2} \quad （\beta \text{ 是类似于 } 2,3,4,\cdots\text{的数}）$$

思考 K_2 与 $\sqrt[\beta]{\theta_2}$ 形成的域 K_3。

像上面这样反复操作几次后得到的域 K_m 中包含方程（7）的根。换言之，如果方程（7）有代数解，通过适当地反复进行上述操作，就可以使得第若干次形成的域中包含方程（7）的根。

显然，上文中的二次方程、三次方程的例子显示了该操作应该如何进行。最重要的是，这个操作的逆操作也是成立的。

首先，K_1 的元素是由 K 的元素与 $a, b, c, \cdots$ 经过四则运算形成的算式。

其次，K_2 的元素是 K_1 的元素与由 K_1 的元素 θ_1 形成的算式 $\sqrt[e]{\theta_1}$ 之间经过四则运算得到的元素。因此，在这里，想一想 K_1 是由什么构成的，就可以知道 K_2 是由 K 的元素与 $a, b, c, \cdots$ 经过加、减、乘、除、求平方根、求立方根等运算得到的元素构成的。依此类推无论是对于 K_3，还是对于 K_4，只要是对于以这种方式形成的域，都是由 K 的元素与 $a, b, c, \cdots$ 经过这几种运算得到的元素构成的。

因此，如果建立了 $K_1, K_2, \cdots, K_m, \cdots$ 等域，某个域中包含方程（7）的根，那么它的根也必然是由 K 的元素，即若干个复数与 $a, b, \cdots$ 经过加、减、乘、除、求平方根、求立方根等运算得到的。这就意味着，方程（7）具有根的公式。也就是说，方程（7）有代数解，与从 K_1 开始，适当地构建域的系列 $K_1, K_2, \cdots, K_m, \cdots$ 时，某个域中包含方程（7）的根，完全是同一回事。

上文中已经多次讲到，如果方程（7）有代数解，那么它的根为由复数与表示系数的符号 $a, b, c, \cdots$ 经过加、减、乘、除、求平方根、求立方根等运算得到的算式。于是，对于将特定的值代入方程（7）中的 $a, b, c, \cdots$ 得到的各自的方程，想要求该方程的值时，将特定的系数代入根的公式中的 $a, b, c, \cdots$ 即可。

无论方程（7）是否有代数解，由代数学基本定理可知，每个系数为复数的 n 次方程都拥有 n 个根。此外，如果代入 $a, b, c, \cdots$ 的特定的值发生变化，一般来说根也会发生变化。因此，无论根是否经加、减、乘、除、求平方根、求立方根等运算得到，都可以想象方程（7）的根是由符号 $a, b, c, \cdots$ 确定的解。将这些解记为

$$\alpha_1, \alpha_2, \cdots, \alpha_n$$

当然，它们都满足方程（7）：

$$\alpha_i^n + a\alpha_i^{n-1} + b\alpha_i^{n-2} + \ldots + c = 0 \quad (i = 1, 2, \cdots, n)$$

将复数的域 K 与 $\alpha_1, \alpha_2, \cdots, \alpha_n$ 形成的域记为 K^*。

话说回来，根据前文的内容，如果方程（1）有代数解，适当地建立

$$K_1, K_2, \cdots, K_m, \cdots$$

这样的域的系列，其中某个 K_m 中应该包含所有的 $\alpha_1, \alpha_2, \cdots, \alpha_n$。然而，如果的确是这样，那么 K 的元素与 $\alpha_1, \alpha_2, \cdots, \alpha_n$ 经过四则运算形成的算式，也必然全都在 K_m 中。因为，K_m 中的元素能够自由地进行四则运算，且无论是 K 的元素，还是 $\alpha_1, \alpha_2, \cdots, \alpha_n$，都包含在其中，即此时整个 K^* 都作为整体的一部分包

含在 K_m 中。

反过来，K^* 这个域如果作为一部分被包含在 K_m 中，那么因为 $\alpha_1, \alpha_2, \cdots, \alpha_n$ 全都包含在 K^* 中，所以它们也包含在 K_m 中，因此方程（7）有代数解。

那么，方程（7）是否有代数解，就可以通过 K^* 这个域是否作为

$$K_1, K_2, \cdots, K_m, \cdots$$

这一适当的系列的域的一部分来判断。

因为 K^* 这个域是由 K 与方程（7）的根 $\alpha_1, \alpha_2, \cdots, \alpha_n$ 形成的，所以，也可以说，K^* 最能反映方程（7）的性质。

这样，方程（7）是否有代数解的问题就被归结为 K^* 这个域的性质问题，甚至是结构探求的问题。

上面我们用稍微现代的方式讲述了阿贝尔、伽罗瓦二人思想的脉络。可以说，他们证明了五次及以上的方程没有代数解。

他们的思想并非完全相同，可以说，在某种意义上，伽罗瓦的思想更加强有力，更具有革新性。

上面仅介绍了他们证明方式的一部分，而省略了对细节部分的深入介绍。

两个域之间的次数

由全体有理数构成的域 R，是由全体实数构成的域 L 的一部分，L 又是由全体复数构成的域 K 的一部分。

接下来会讲到与之相关的一个重要概念。

之前也详细说明过，任意一个复数，都可以用 $\alpha + \beta \sqrt{-1}$ 形式来表示，其中 α、β 为实数。并且，不同的复数由不同的形式表示。

换言之，K 的任意一个元素 a 都可以被表示为以 1、$\sqrt{-1}$ 这两个特殊的 K 的元素为单位、以 L 的元素为系数的和的形式

$$\alpha \cdot 1 + \beta \sqrt{-1}$$

且 a 仅有这一种表示形式。

一般来说，K_1[①]是 K_2 的一部分，如果以 K_2 的若干个元素，例如 n 个元素 $a_1, a_2, \cdots, a_n$ 为单位，则 K_2 的任意元素都可以表示为 $\alpha_1 a_1 + \alpha_2 a_2 + \cdots + \alpha_n a_n$，且仅有这一种表示形式时，我们称"**$K_1$ 与 K_2 这两个域之间的次数为 n**"。那么，域 L 与域 K 之间的次数就是 2。

———————————
① 这里的 K_1 与前文的 K_1 不是同一个域，以下同。

下面说明一下次数的主要性质。

首先，x^2+1 可以因式分解为 $(x+\sqrt{-1})(x-\sqrt{-1})$。但是如果设置了"因式分解时，只能使用实数"这个限制规则，因式分解就不被允许了。最终，这种情况下，x^2+1 不能进行因式分解。

同理，假设

$$x^n+ax^{n-1}+bx^{n-2}+\cdots+c$$

无法在"仅使用某个域 K_1 的元素"这一规则下进行因式分解。那么，取方程

$$x^n+ax^{n-1}+bx^{n-2}+\cdots+c=0$$

的一个根 α，由 K_1 与 α 形成一个新的域 K_2，我们可以知道 K_1 与 K_2 这两个域之间的次数等于 n。

域 K 原本就是由域 L 与方程 $x^2+1=0$ 的一个根，即 $\sqrt{-1}$ 构成的域。因此，正如上文所说，L 与 K 这两个域之间的次数等于 2。

下面的这个命题也是非常有用的。若 K_1 是 K_2 的一部分，且 K_2 是 K_3 的一部分，则 K_1 与 K_3 这两个域之间的次数等于 K_1 与 K_2 之间的次数和 K_2 与 K_3 之间的次数的乘积：

$$K_1 与 K_3 之间的次数 = K_1 与 K_2 之间的次数 \times K_2 与 K_3 之间的次数$$

在这里，我们进行 K_1 与 K_2 之间的次数为 2，K_2 与 K_3 之间的次数为 3 时命题的证明。即使是一般情况，证明方法也完全相同。

应该证明的是 K_1 与 K_3 之间的次数为 6。首先，因为 K_1 与 K_2 之间的次数为 2，所以 K_2 的任意元素都应该能以 K_2 的两个元素 a、b 为单位，表示为

$$\alpha a+\beta b \quad （\alpha、\beta 为 K_1 的元素） \tag{8}$$

的形式，且仅可以表示为这一种形式。又因为 K_2 与 K_3 之间的次数为 3，所以 K_3 的任意元素都应该能以 K_3 的 3 个特定元素 c、d、e 为单位，表示为

$$\gamma c+\delta d+\varepsilon e \quad （\gamma、\delta、\varepsilon 为 K_2 的元素） \tag{9}$$

的形式，且仅可以表示为这一种形式。

因为 γ、δ、ε 为 K_2 的元素，所以我们当然可以将它们写成式（8）的形式：

$$\gamma=\zeta a+\eta b$$
$$\delta=\zeta'a+\eta'b$$
$$\varepsilon=\zeta''a+\eta''b \quad （\zeta,\eta,\zeta',\cdots 为 K_1 的元素）$$

现在，将上面 3 个新的式子代入式（9），则最终结果就是 K_3 的任意元素都可以表示为

$$(\zeta a+\eta b)c+(\zeta'a+\eta'b)d+(\zeta''a+\eta''b)e$$
$$=\zeta ac+\eta bc+\zeta'ad+\eta'bd+\zeta''ae+\eta''be$$

的形式。换言之，K_3 的任意元素都能以 K_3 的 6 个元素 ac、bc、ad、bd、ae、be 为单位，以 K_1 的元素为系数，用和的形式来表示。

接下来，我们证明一下这样的表示形式只有一种。现在，假设 K_3 的一个元素 x 既可以用 $\alpha_1 ac + \alpha_2 bc + \alpha_3 ad + \alpha_4 bd + \alpha_5 ae + \alpha_6 be$ 表示，也可以用 $\beta_1 ac + \beta_2 bc + \beta_3 ad + \beta_4 bd + \beta_5 ae + \beta_6 be$ 表示（$\alpha_1, \alpha_2, \cdots; \beta_1, \beta_2, \cdots$ 都是 K_1 的元素）。这就意味着，x 既可以用 $(\alpha_1 a + \alpha_2 b)c + (\alpha_3 a + \alpha_4 b)d + (\alpha_5 a + \alpha_6 b)e$ 表示，也可以用 $(\beta_1 a + \beta_2 b)c + (\beta_3 a + \beta_4 b)d + (\beta_5 a + \beta_6 b)e$ 表示[①]。然而，x 以 c、d、e 为单位，以 K_2 的元素为系数的和的表示形式只可能存在一种。因此，上述两种表示形式中的系数必然全部相等：

$$\alpha_1 a + \alpha_2 b = \beta_1 a + \beta_2 b$$
$$\alpha_3 a + \alpha_4 b = \beta_3 a + \beta_4 b$$
$$\alpha_5 a + \alpha_6 b = \beta_5 a + \beta_6 b$$

上面 3 个等式意味着，K_2 的某个元素以 a、b 为单位既可以用等式左边表示，也可以用等式右边表示。因此，等式的系数必须也是相等的：

$$\alpha_1 = \beta_1、\ \alpha_2 = \beta_2、\ \alpha_3 = \beta_3、\ \alpha_4 = \beta_4、\ \alpha_5 = \beta_5、\ \alpha_6 = \beta_6$$

所以，将 x 以 ac、bc、ad、bd、ae、be 为单位表示的形式只有一种。这样就证明了 K_1 与 K_3 之间的次数为 6。并且，上文中得到的各个单位，如 ac 被写作

$$ac = 1 \cdot ac + 0 \cdot bc + 0 \cdot ad + 0 \cdot bd + 0 \cdot ae + 0 \cdot be \qquad （10）$$

的形式。由此可以确定，这 6 个元素缺一不可。其原因在于，要表示 K_3 的元素，假设 ac 是不必要的，既然 ac 自身也是 K_3 的元素，那么

$$ac = \alpha_1 bc + \alpha_2 ad + \alpha_3 bd + \alpha_4 ae + \alpha_5 be \quad （\alpha_1, \alpha_2, \cdots, \alpha_5 \text{ 为 } K_1 \text{ 的元素}）$$

这样的等式，即

$$ac = 0 \cdot ac + \alpha_1 bc + \alpha_2 ad + \alpha_3 bd + \alpha_4 ae + \alpha_5 be$$

就必须成立。

因为表示形式只有一种，所以这个等式的右边应该与式（10）的右边是一致的。因此，如果比较等式右边的 ac 的系数，就会得到"$1 = 0$"这个不合理的结果。

作图问题

下文中我们会说明，使用上文中的概念时，几何学中的作图问题就可以被十分明确地"翻译"成别的形式。

---

① $\alpha_1 a + \alpha_2 b$ 等为 K_2 的元素。

自古希腊以来，几何学中只允许使用以下两种工具作图。

（1）为了连接两点的**直尺**。

（2）为了在给定的中心，以给定的半径画圆的**圆规**。

首先我们分析一下，仅使用这两个工具，究竟能够完成什么操作。

① 使用一次直尺，可以通过两个点作一条直线。换句话说，令两点的坐标分别为 (x_1, y_1)、(x_2, y_2)，那么此时可以作一条方程为

$$(x_2 - x_1)y - (y_2 - y_1)x + x_1y_2 - x_2y_1 = 0$$

的直线。

② 使用一次圆规，可以以给定的点为中心，以给定的长度为半径作圆。换句话说，令给定的点的坐标为 (a, b)，给定的长度为 r，那么此时可以作方程为

$$(x - a)^2 + (y - b)^2 = r^2$$

即

$$x^2 + y^2 - 2ax - 2by + a^2 + b^2 - r^2 = 0$$

的圆。因为一般给定的长度是两点间的距离，所以令这两个点的坐标为 (c, d)、(e, f)，那么此时 r 就可以表示为

$$\sqrt{(c - e)^2 + (d - f)^2}$$

的形式。

③ 使用两次直尺，可以求两条直线的交点。换句话说，若两条直线的方程为

$$ax + by + c = 0$$
$$a'x + b'y + c' = 0$$

那么可以求出分别以它的根

$$x = \frac{bc' - b'c}{ab' - a'b}, y = \frac{a'c - ac'}{ab' - a'b}$$

作为 x 坐标和 y 坐标的点。

④ 使用直尺与圆规各一次，可以求直线与圆的交点。也就是，令直线与圆的方程分别为

$$ax + by + c = 0$$
$$(x - d)^2 + (y - e)^2 = r^2$$

那么可以求以这个联立方程（又称方程组）的根为坐标的点。解这样的联立方程，可以采取以下步骤。首先，从第一个方程出发，将 x 用 y 来表示：

$$x = -\frac{b}{a}y - \frac{c}{a} \tag{11}$$

将其代入第二个方程，则可以得到

$$\left(\frac{b}{a}y+\frac{c}{a}+d\right)^2+(y-e)^2=r^2$$

这是一个关于 y 的二次方程。解这个二次方程，将结果代入式（11），就可以求出 x。

⑤ 使用两次圆规，可以确定两个圆的交点。同上，令给定的两个圆的方程分别为

$$(x-a)^2+(y-b)^2=r^2$$
$$(x-c)^2+(y-d)^2=s^2$$

那么可以求出以这个联立方程的根为坐标的点。将这个联立方程的括号去掉，就可以得到

$$x^2+y^2-2ax-2by+a^2+b^2-r^2=0 \tag{12}$$
$$x^2+y^2-2cx-2dy+c^2+d^2-s^2=0 \tag{13}$$

用式（12）减式（13），可以得到

$$2(c-a)x+2(d-b)y+a^2+b^2+s^2-c^2-d^2-r^2=0$$

将它与式（12），即与

$$(x-a)^2+(y-b)^2=r^2$$

如④中那样处理，然后解方程即可。

⑥ 使用更多次直尺、圆规。分析这个操作可知，它不过是①到⑤中操作的重复。

在上文中，我们应该注意的是，在这些操作后，作为结果新增的直线、圆的方程的系数和点的坐标，全都是由在此之前已经形成的直线和圆的方程的系数与坐标经过加、减、乘、除、求平方根这 5 种运算得到的。在①、②中，我们作出的直线、圆的方程的系数，是由已知的点的坐标经过加、减、乘、除这 4 种运算后得到的。并且，在③中所求的点的坐标，是由已知的直线方程的系数经过加、乘、除等运算得到的。在④、⑤中，可以从求坐标的方法得知，我们作出的点的坐标是从已知的方程系数出发，使用加、减、乘、除、求平方根等运算得到的。

一般来说，完成某个图形的制作，最终都可以归结为找到若干个点。例如，作三角形时，只需要知道 3 个顶点即可；作圆时，只需要知道圆心和圆周上的一点即可。

通过上述内容，我们可以推导出这个结论：如果这些点是能够通过尺规作图得到的，那么它们的坐标必然全都是由给定的数（例如给定的直线、圆的方

程的系数，或者给定的点的坐标等）经过加、减、乘、除、求平方根这 5 种运算得到的。

事实上，上文中的结论反过来也是成立的，即我们可以确认：从若干个给定的量出发，进行加、减、乘、除和开方这 5 种运算得到的量，也一定可以通过尺规作图的方式得到。

实际上，如图 7.5～图 7.9 所示，量的和、差、积、商和平方根可以非常简单地用作图的方式表现出来。因此，只需要将这些操作重复几次即可得到上述量。

图 7.5～图 7.8 显然表示的是量的和、差、积、商。因此，这里我们只针对图 7.9 解释作图原理。

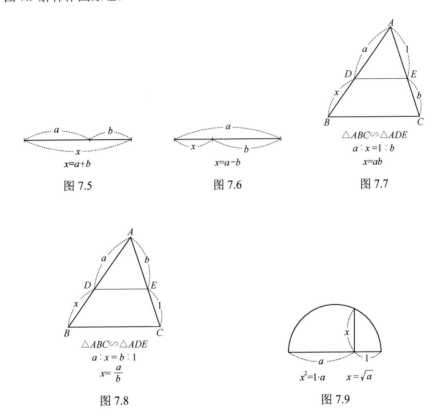

图 7.5

图 7.6

图 7.7

图 7.8

图 7.9

首先，如图 7.10 所示，令圆心为 O 的圆的直径为 AB，并且取圆周上的一点 C。那么，总是满足 $\angle ACB = 90°$。

因为 $OA = OC$，所以

$$\angle CAO = \angle ACO$$

同理可得
$$\angle OCB = \angle OBC$$
因为
$$\angle CAO + \angle ACO + \angle OCB + \angle OBC = 180°$$
所以
$$\angle ACB = \angle ACO + \angle OCB = 90°$$
现在，如图 7.11 所示，过点 C 作 AB 的垂线 CH 。

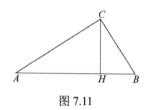

图 7.10   图 7.11

此时，因为
$$\angle ACH + \angle HCB = 90°$$
$$\angle ACH + \angle CAH = 90°$$
所以
$$\angle HCB = \angle CAH$$
同理可得
$$\angle ACH = \angle CBH$$
由此可得
$$\triangle ACH \backsim \triangle CBH$$
所以
$$\frac{CH}{AH} = \frac{BH}{CH}$$
即
$$CH^2 = AH \cdot BH$$
作图 7.9 的方法正是基于这个原理。

根据上文我们可以知道，能够通过尺规作图得到的量，必然是通过对事先给到的量进行加、减、乘、除、求平方根这 5 种运算得到的。反过来说，一切这样的量都可以通过尺规作图得到。或许有很多人已经看出来了，上述论证过程与之前讲过的关于方程解法的论证过程具有异曲同工之处。上述论证过程也可以使用域的语言，用非常简洁的方式表示。

首先，令事先给定的量为$a,b,c,d,\cdots$。因为测量这些量的单位是可以自由取的，所以也可以假设a为1。显然，对它们进行四则运算后得到的所有量会形成一个新的域，将这个域记作K_1。

K_1中包含一切对a（也就是1）进行加、减、乘、除后得到的数，即有理数。换言之，有理数的域R作为K_1的一部分包含于K_1中。这样的话，有理数的域R与$b,c,d,\cdots$形成的域也必然全都包含于K_1。然而，因为K_1的元素是由1与$b,c,d,\cdots$经过四则运算后得到的，所以它们也全都是R与$b,c,d,\cdots$形成的域的元素。因此，我们可以知道，K_1本身就是R与$b,c,d,\cdots$形成的域。

话说回来，量α可以通过$a=1,b,c,d,\cdots$使用尺规作图得到，这件事或许已经没有必要再絮絮叨叨地说明，可以用以下方式表示。

"α能够使用尺规作图的必要且充分条件为：从K_1中取θ_1，作$\sqrt{\theta_1}$，思考K_1与$\sqrt{\theta_1}$形成的域K_2；从K_2中取θ_2，作$\sqrt{\theta_2}$，思考K_2与$\sqrt{\theta_2}$形成的域K_3；……像这样一直操作下去，那么在某次形成的域中包含α。"

此时应该注意的是，比如从K_1中取θ_1时，对于$x^2-\theta_1$这个算式，如果不规定"只要仅允许K_1的元素作为系数，就不能进行因式分解"这一前提条件，它就是没有意义的。其原因在于，如果即使在该限制条件下，$x^2-\theta_1$也能够因式分解为$\left(x-\sqrt{\theta_1}\right)\left(x+\sqrt{\theta_1}\right)$，则$\sqrt{\theta_1}$为$K_1$的元素，因此$K_1$与$\sqrt{\theta_1}$形成的域$K_2$就与$K_1$一致了。如此一来，进行该操作的意义就丧失殆尽。

因此，K_1与K_2之间的次数等于2。同理可得，K_2与K_3之间、K_3与K_4之间……的次数全都等于2。由此也可以知道，K_1与K_n之间的次数的形式为K_1与K_2之间的次数、K_2与K_3之间的次数……的积的形式，即

$$2\times2\times2\times\cdots\times2$$

自古以来，下列 3 个作图问题就被称为"古希腊几何三大问题"而流传至今。

（1）倍立方问题（提洛岛问题）[①]。作一个立方体，使其体积为给定立方体体积的 2 倍。

（2）化圆为方问题。作一个正方形，使其面积与一个圆的面积相等。

（3）三等分角问题。找出利用尺规三等分一个角的方法。

这些问题与平行线问题、五次方程的代数解法问题一样，最终都是无解的，人们在 19 世纪证明了它们都是不可能解决的。这些证明全都可以通过参照前面

---

① 参照本书第三章介绍圆锥曲线的内容。

所讲的原则，加以钻研完成。

这里给出关于倍立方问题无解的证明。

首先，令原本的立方体的体积为 1。那么，该问题要求的就是作体积为 2 的立方体。而要作出这样的立方体，归根结底就是要求该立方体的一条边的长度，即问题要求的是，将 $x^3=2$ 的根 $\sqrt[3]{2}$ 由原来的立方体的边长 1 经过加、减、乘、除和求平方根这 5 种运算构成。

这就是前面" $a=1,b,c,d,\cdots$ "的形式变成了只有" $a=1$ "这一种情况。因此，如果这个问题能够解决，那么令有理数的域 R 为 K_1，像之前那样作域的系列 $K_1,K_2,\cdots,K_m,\cdots$，$K_m$ 中就必须包含 $\sqrt[3]{2}$ 。

反过来，如果 K_m 中包含 $\sqrt[3]{2}$ ，就可以作图解决问题。

如果仅允许 R 的元素，即有理数作为系数，那么 x^3-2 就不能进行因式分解，理由如下。

假设可以因式分解，则应该至少可以分解成

$$x^3-2=(x-\alpha)(x^2+\beta x+\gamma)$$

那么，α 自然是

$$x^3-2=0$$

的一个根，且为有理数。然而，这个方程的根有

$$\sqrt[3]{2},\sqrt[3]{2}\times\frac{-1+\sqrt{-3}}{2},\sqrt[3]{2}\times\frac{-1-\sqrt{-3}}{2}$$

共 3 个[①]，所以这 3 个根中，有可能等于 α 的，即为有理数的，只有 $\sqrt[3]{2}$ 。然而，$\sqrt[3]{2}$ 不可能是有理数。其原因如下。首先，如果它是有理数，则必然存在满足

$$\sqrt[3]{2}=\frac{n}{m}$$

的自然数 m、n。现在，事先令这个分数无法约分，即 m、n 无公约数。对上面这个等式的两边同时进行三次方，可得

$$2m^3=n^3$$

由此可得 n 为偶数[②]。换言之，必然可以选择某个自然数 n'，将 n 写成 $2n'$ 的形式。将其代入上面的等式，可得

$$2m^3=8n'^3$$

即

---

① 这 3 个根可以通过将它们代入方程的方法得到验证。因为三次方程只有 3 个根，所以显然除这 3 个根以外它没有其他的根。
② 如果 n 为奇数，则 n^3 也为奇数，所以不可能写成 $n^3=2m^3$ 的形式。

$$m^3 = 4n'^3$$

这表示 m 为偶数。然而，因为 m、n 无公约数，所以 m 与 n 都是 2 的倍数这个结果就与一开始的规定相悖。

这样，我们就知道了 $x^3 - 2$ 是不可以进行因式分解的。由此，如果思考 R 与 $\sqrt[3]{2}$ 形成的域 $\tilde{R}$，我们就可以知道 R 与 $\tilde{R}$ 之间的次数为 3。

话说回来，假设 $\sqrt[3]{2}$ 是可以作图的。那么，根据上述内容，在

$$R = K_1, K_2, \cdots, K_n$$

的系列中，K_n 中存在包含 $\sqrt[3]{2}$ 的域。此时，$\tilde{R}$ 自然作为 K_n 的一部分包含在 K_n 中。由此可得，R 与 K_n 之间的次数等于 R 与 $\tilde{R}$ 之间的次数 3 及 $\tilde{R}$ 与 K_n 之间的次数的积。

根据前面的内容可以知道，R 与 K_n 之间的次数必须为

$$2 \times 2 \times 2 \times \cdots \times 2$$

的形式。将这个结论与上面的内容对照，可以得到"这种形式的数字必然是 3 的倍数"这一结论，显然这个结论与要求的形式是矛盾的。因此，倍立方问题就只能说是无解的问题。

形式主义下代数学的重编

下面我们重新回到代数学的话题上。我们已经知道，代数学这个分支学科在 19 世纪已经发生了天翻地覆的变化，而它又因为形式主义的出现这一契机，被赋予了清晰的特征。

所谓域，就是在其中可以自由地进行加、减、乘、除运算的范围。那加、减、乘、除的含义又是什么呢？

看出这个问题在各方面都与几何学中的何谓直线、何谓点、何谓直线的相交等类型的问题如出一辙的是施泰尼茨。

根据希尔伯特的《几何基础》，在几何学中，即使不知道上述词汇的意思，仅以公理体系中提到的条件作为基础，也完全可以发展几何学理论。索性可以这样说，不经定义就进行讨论甚至成了关键。

然而，反过来想，即使在域的理论中，加、减、乘、除这些运算的定义也毫无用武之地。由此，施泰尼茨站在没有这些定义也完全可以建立理论的立场上，成功地对域的理论进行了"形式主义性质的建设"。

下面介绍今天我们习惯使用的"域的公理体系"。

这里给出某些东西的集合，在它们之间确定了被称为"**和**"与"**积**"的运

算，当它们满足下面的条件时，就称它们关于这个"和"与"积"的确定方式形成了**域**。这些"东西"被称为域的"**元素**"。

1．关于加法的公理

（1）对两个元素 a、b 来说，被称为它们的"和"的元素只有一个，记作 $a \oplus b$。

（2）$a \oplus b = b \oplus a$。

（3）$(a \oplus b) \oplus c = a \oplus (b \oplus c)$。

（4）对所有的元素 a 来说，满足 $a \oplus \theta = \theta \oplus a = a$ 的特定元素 θ 仅存在一个。

（5）对所有 a' 来说，满足 $a \oplus a' = a' \oplus a = \theta$ 的元素 a' 仅存在一个。

2．关于乘法的公理

（1）对两个元素 a、b 来说，被称为它们的"积"的元素只有一个，记作 $a \otimes b$。

（2）$a \otimes b = b \otimes a$。

（3）$(a \otimes b) \otimes c = a \otimes (b \otimes c)$。

（4）对所有的元素 a 来说，满足 $a \otimes \varepsilon = \varepsilon \otimes a = a$ 的特定元素 ε 仅存在一个。

（5）对 θ 以外的所有元素 a 来说，满足 $a \otimes a'' = a'' \otimes a = \varepsilon$ 的元素 a'' 仅存在一个。

3．关于加法、乘法之间关系的公理

从

$$a \otimes (b \oplus c) = (a \otimes b) \oplus (a \otimes c)$$

这个公理体系出发，我们根本不需要关心元素的内容是什么、"和"与"积"是什么、$\oplus$ 与 $\otimes$ 各自代表什么等问题，就完全可以建立起域的理论。然后，可以将方程解法的论证过程等完全吸收在其中。

此外，我们可以确认，在这个公理体系中，当将 $\oplus$ 用 $+$、$\otimes$ 用 $\times$、θ 用 0、ε 用 1 置换时，各公理就与本章 "'域'的概念" 部分提出的各法则分别一致。当然，在本章 "'域'的概念" 部分的法则④和法则⑧

$$(\beta - \alpha) + \alpha = \beta$$

$$\alpha \cdot \frac{\beta}{\alpha} = \beta$$

这两个法则，分别变成了关于加法的公理（5）、关于乘法的公理（5）。乍一看可能感觉截然不同，但是，因为 α' 相当于 $-\alpha$，α'' 相当于 $\frac{1}{\alpha}$，所以归根结底它

们分别意味着

$$-\alpha + \alpha = 0$$

$$\alpha \cdot \frac{1}{\alpha} = 1$$

因此，可以认为关于加法的公理（5）、关于乘法的公理（5）分别是"'域'的概念"部分的法则④和法则⑧的特殊情况。所以，我们可以轻而易举地推测出法则④和法则⑧。与其使用本章"'域'的概念"部分的法则，还不如使用公理体系更加简单。并且，如此一来，完全不需要用到"减法""除法"这两个概念。

之前我们曾表示过，对于希尔伯特公理体系，希望可以建立一个具体的平面。一般来说，当我们能够建立一个满足某个公理体系的具体的东西时，就称这个东西为该公理体系的对象[①]的"**实例**"或者"**模型**"。

我们可以立刻得知，在此之前我们所知道的多数的域全都是上文中所介绍的公理体系的对象的实例，即它们形成了这个公理体系意义上的域。例如，想一想全体实数的集合，关注各实数和在它们之间规定的原本的"和""积"会发现，为公理体系中的"元素"的"和""积"等词汇赋予相应意义时，公理体系中的各个命题就会作为真命题而成立。特别提醒一下，上文中被要求的 θ、a'、ε、a'' 等的存在，的确分别因 0、$-a$、1、$\frac{1}{a}$ 的存在而实现。全体实数形成了与本来就规定了的"和"与"积"相关的域。无须赘述，有理数和复数也是如此。

除此以外，还有各式各样的赋予域以实例的方法。例如，在这里，思考 α、β 的集合，如果硬性规定在它们之间存在

$$\alpha \oplus \alpha = \beta \quad \alpha \otimes \alpha = \alpha$$

$$\alpha \oplus \beta = \alpha \quad \alpha \otimes \beta = \beta$$

$$\beta \oplus \alpha = \alpha \quad \beta \otimes \alpha = \beta$$

$$\beta \oplus \beta = \beta \quad \beta \otimes \beta = \beta$$

这些"和"与"积"的规则，的确可以形成一个域。将公理体系中的各个命题看作在这里规定的与"元素""和""积"相关的内容进行研究，应该就会立刻理解这一点。

话说回来，通过以上内容我们可以知道，有的域包含无限多的元素，而有

---

① 即平面、域等。

的域只包含两个元素。一般来说，由公理体系的对象形成的体系中包含若干个不同"型"的情况，被称为"**非范畴性的**"。也就是说，域的公理体系不是范畴性的。与此相反，公理体系的对象只可能有一种型时，公理体系被称为"范畴性的"。在此省略详细的说明。希尔伯特本人确认了关于几何学的希尔伯特公理体系是范畴性的。

我们必须研究，在公理体系是非范畴性的情况下，其对象究竟有可能存在多少个型，这些型各自又具有怎样的性质。这类问题被称为"**分类的问题**"。并且，针对每一个型，区分它与其他诸多型的特征是什么，诸如此类的问题，习惯上被称为"**赋予特征的问题**"。

以上种种，皆为"形式主义数学"领域中重要的课题。下面我们用一个例子说明如此繁多的域与域的公理体系之间具有着怎样的关系。

对于两个复数 $\alpha = a + bi$、$\beta = c + di$，若 $\alpha\beta = 0$，则 $\alpha = 0$ 或 $\beta = 0$。

以上内容我们可以通过下面的操作确认。

首先，因为

$$\alpha\beta = (a + bi)(c + di) = (ac - bd) + (bc + ad)i$$

所以，若它等于 0，则必须满足

$$ac - bd = 0 \qquad\qquad (14)$$
$$bc + ad = 0 \qquad\qquad (15)$$

对式（14）的两边同时乘 a，对式（15）的两边同时乘 b，然后将两式相减，得到

$$(a^2 + b^2)d = 0$$

可得

$$a^2 + b^2 = 0 \text{ 或 } d = 0$$

在这里可以分成以下两种情况进行讨论。

① $a = 0$、$b = 0$ 时，$\alpha = 0$。

② a 和 b 至少有一个不等于 0。例如 a 不等于 0 时，因为 $a^2 + b^2 > 0$，所以 $d = 0$。由式（14）可得 $ac = 0$，即 $c = 0$。因此，$\beta = 0$。

然而，在上述证明中，使用了 α、β 可以写作 $a + bi$、$c + di$ 的形式这一点，但是实际上即使不用这一点，只从普通的域的公理体系出发，也可以证明若 $a \otimes b = \theta$，则 $a = \theta$ 或 $b = \theta$。

首先，证明对于任意的 θ，

$$a \otimes \theta = \theta$$

令 $a \otimes \theta = c$。那么，

$$c = a \otimes \theta = a \otimes (\theta \oplus \theta) = (a \otimes \theta) + (a \otimes \theta) = c \oplus c$$

对等式两边同时加 c' ，可得

$$\theta = c \oplus c' = (c \oplus c) \oplus c' = c \oplus (c \oplus c') = c \oplus \theta = c$$

即可以得到

$$a \otimes \theta = \theta$$

现在，令

$$a \otimes b = \theta \qquad\qquad （16）$$

如果 $a \neq \theta$ ，则根据本章关于乘法的公理（5），可以知道存在 a'' 使得 $a \otimes a'' = a'' \otimes a = \varepsilon$ ，所以

$$b = \varepsilon \otimes b = (a'' \otimes a) \otimes b = a'' \otimes \theta = \theta$$

因此，可以证明 $a = \theta$ 或 $b = \theta$ 。

话说回来，既然我们已经知道了上述内容，并且复数可以形成域，那么即使不进行像刚才那样的计算，也自然可以知道"若 $\alpha\beta = 0$ ，则 $\alpha = 0$ 或 $\beta = 0$ "。其原因在于，上述性质是必然附随于一般的域的。

仔细思考上述内容可以发现，如果关于域的一般理论已经得到发展，那么已经完全不需要针对每一个单独的域一个个进行推论。

可以说，域就是"满足某个条件的若干个算法规定的范围"。我们已经知道，通过这样的思考，我们对方程等的概念，能获得更深刻的认识。

然而，对于代数学，如果我们思考 19 世纪以来所进行的研究，除了能够开阔眼界之外，我们会发现，通过选择各种各样的公理，在考虑各种不同的算法规定的范围时，我们将受益匪浅。其中，特别为世人瞩目的是，具有普通的乘法性质的算法规定的范围，以及具有相当于加、乘这两则运算性质的算法规定的范围，它们分别被称为"**群**"与"**环**"。然后，我们逐渐知道，推进群与环的形式主义性质的研究，既可以整理至今为止的代数学、整数论的成果，也可以赋予数学更加广阔的前景。

上文所讲的"满足某个条件的若干个算法规定的范围"一般来说被称为"**代数系统**"。也就是说，域、群、环都是特殊的代数系统。于是，以第一次世界大战为大概的分界线，代数学作为代数系统的理论发展起来了。

这样的趋势也可以看成，原本专攻算式计算的代数学将其考察方向转为向其计算凭借的依据——"算法"深化，并且将其本身的方向调整为"形式主义性质的"。

不能忘记的是，为推进这个转变做出了巨大贡献的是数学家诺特（1882—1935）和与她同一学派的其他数学家们。

群与埃朗根纲领

新的代数学被称为"**抽象代数学**"。为了对其稍加介绍，这里列举群论开头的部分。群的公理体系如下。

存在被称为"**元素**"的东西的集合，元素之间为被称为"**乘法**"的运算符号。当满足以下条件时，我们称元素的集合关于乘法的运算形成了**群**。

（1）对两个元素 a、b 来说，被称为它们的"积"的元素 $a \cdot b$ 是确定的。

（2）$(a \cdot b) \cdot c = a \cdot (b \cdot c)$。

（3）无论对于怎样的元素 a，满足

$$a \cdot \varepsilon = a$$

的特定元素 ε 都存在且仅存在一个。我们称 ε 为 a 的"**右单位元**"。

（4）对于每个元素 a，满足

$$a \cdot a' = \varepsilon$$

的特定元素 a' 都存在且仅存在一个。我们称它为 a 的"**右逆元**"。

下面，我们从上述内容出发导出一些简单的命题。

定义 1. 对于 a，满足

$$b \cdot a = \varepsilon$$

的元素 b 被称为 a 的"**左逆元**"。

定理 1. a' 也是 a 的左逆元：$a' \cdot a = \varepsilon$。

证明：设 a' 的右逆元为 a''，那么

$$a = a \cdot \varepsilon = a \cdot (a' \cdot a'') = (a \cdot a') \cdot a'' = \varepsilon \cdot a''$$

由此可得

$$a' \cdot a = a' \cdot (\varepsilon \cdot a'') = (a' \cdot \varepsilon) \cdot a'' = a' \cdot a'' = \varepsilon$$

这表示 a' 也是 a 的左逆元。

因此，一般来说，a' 仅被称为 a 的"**逆元**"。

定义 2. 对于所有的 a，满足

$$\eta \cdot a = a$$

的元素 η 被称为 a 的"**左单位元**"。

定理 2. ε 也是 a 的左单位元。

证明：

$$\varepsilon \cdot a = (a \cdot a') \cdot a = a \cdot (a' \cdot a) = a \cdot \varepsilon = a$$

因此，一般来说，ε 仅被称为"**单位元**"。

定理 3. 对于任意的 a，它的左逆元与 a' 一致。

证明：设 b 为 a 的左逆元，那么

$$b = b \cdot \varepsilon = b \cdot (a \cdot a') = (b \cdot a) \cdot a' = \varepsilon \cdot a' = a'$$

定理 4. 所有左单位元都与 ε 一致。

证明：设 η 为其中一个左单位元，那么

$$\varepsilon = \eta \cdot \varepsilon = \eta$$

定理 5. $a'' = a$。

证明：$a' \cdot a'' = \varepsilon = a' \cdot a$，然而，因为 a' 的逆元只有一个，所以

$$a'' = a$$

定理 6. $(a \cdot b)' = b' \cdot a'$。

证明：

$$(a \cdot b) \cdot (b' \cdot a') = a \cdot \{b \cdot (b' \cdot a')\} = a \cdot \{(b \cdot b') \cdot a'\}$$
$$= a \cdot (\varepsilon \cdot a') = a \cdot a' = \varepsilon$$

又因为 $a \cdot b$ 只有一个逆元，所以

$$(a \cdot b)' = b' \cdot a'$$

我们可以举出各种各样群的实际例子，如全体非 0 实数、全体正实数、全体非 0 复数等。也就是说，如果用"$\odot$"代替在它们之间的普通乘法运算符号，用 ε、a' 分别代替 1、$\dfrac{1}{a}$，那么所有公理都将被满足。并且，如果用"$\odot$"代替实数之间的普通加法运算符号，用 ε、a' 分别代替 0、$-a$，的确可以得到一个群。正如之前多次强调的那样，因为公理体系中的"未经定义的术语"完全没有内容，所以不能认为称它们为"和""积"等是奇怪的。

现在，我们给出一个群的实际例子。

首先，想象有两个平面是重叠的，尝试挪动位于上方的那个平面。那么，该平面上的各个点都分别移动到了别的位置，但是平面上两点间的距离在平面挪动后依旧不变。也就是说，假设挪动后的平面上的点 P'、Q' 与原本位于下面的平面上的点 P、Q 是重合的，那么点 P'、Q' 间的距离就等于点 P、Q 间的距离。并且，如果不是挪动平面，而是以平面上的某条直线为轴转圈将平面反过来，也可以得到同样的结论。

如果将上述操作只用与下面那个平面相关的语言描述，则为"让平面上的各点现在分别与一个点一一对应，并且点 P、Q 间的距离与点 P、Q 对应的点 P'、Q' 间的距离总是相等的"。

我们介绍过全等这个概念，在第一章中也不时用到这个概念。在希尔伯特

公理体系中也出现了同样的词汇，但是该体系将欧几里得的全等概念换了一种逻辑上完全没有漏洞的方式重新描述。然而，无论是欧几里得，还是希尔伯特，所说的两个图形的全等，指的终究都是在平面上实施上述操作后令一方与另一方重合且完全对应。

我们决定今后称这种操作为"**运动**"，将运动用希腊字母表示，如 $\alpha, \beta, \gamma, \cdots$，并且将经过运动 α 后与点 P 对应的点 P' 记作 $\alpha(P)$。

话说回来，关于运动最基本的是，两次持续运动的结果也构成运动。现在，令两次运动分别为 α、β。那么，实施 α 后接着实施 β 时，点 P 就对应 $\beta(\alpha(P))$ 这个点。根据假定，点 P、Q 间的距离与 $\alpha(P)$、$\alpha(Q)$ 间的距离是相等的。另外，对于任意的两个点 R、S，它们之间的距离与 $\beta(R)$、$\beta(S)$ 之间的距离是相等的，所以令 $R = \alpha(P)$，$S = \alpha(Q)$，我们就可以知道 $\alpha(P)$、$\alpha(Q)$ 之间的距离与 $\beta(\alpha(P))$、$\beta(\alpha(Q))$ 之间的距离是相等的。由此可得，P、Q 之间的距离与 $\beta(\alpha(P))$、$\beta(\alpha(Q))$ 之间的距离是相等的。这也就意味着，实施 α 后接着实施 β 的操作是一个运动。下面，我们称这样的运动为"β 与 α 的积"[①]，记作 $\beta \cdot \alpha$。然后，我们可以确定，所有运动都关于这个积形成群。下面，我们一一介绍群的公理。

（1）对于 α、β，可以确定 $\alpha \cdot \beta$ 这个元素。（这一点是显然的。）

（2）$(\alpha \cdot \beta) \cdot \gamma = \alpha \cdot (\beta \cdot \gamma)$。

其原因在于

$$(\alpha \cdot \beta) \cdot \gamma(P) = (\alpha \cdot \beta)(\gamma(P)) = \alpha(\beta(\gamma(P)))$$
$$(\alpha \cdot (\beta \cdot \gamma))(P) = \alpha((\beta \cdot \gamma)(P)) = \alpha(\beta(\gamma(P)))$$

这意味着，$(\alpha \cdot \beta) \cdot \gamma$ 与 $\alpha \cdot (\beta \cdot \gamma)$ 对于各个点 P 对应完全相同的点。因此，它们必然是相等的运动：

$$\alpha \cdot (\beta \cdot \gamma) = (\alpha \cdot \beta) \cdot \gamma$$

（3）使得平面上任意一点对应它自身的操作是一个运动，如果将其写作 ε，则

$$\alpha \cdot \varepsilon = \varepsilon \cdot \alpha = \alpha$$

其原因在于，首先，

$$(\alpha \cdot \varepsilon)(P) = \alpha(\varepsilon \cdot (P)) = \alpha(P)$$
$$(\varepsilon \cdot \alpha)(P) = \varepsilon(\alpha \cdot (P)) = \alpha(P)$$

由此可得

$$\alpha \cdot \varepsilon = \varepsilon \cdot \alpha = \alpha$$

其次，如果对于任意的 α 都存在满足 $\alpha \cdot \eta = \alpha$ 的运动 η，则

---

① 需要注意 α 与 β 的顺序。

$$\varepsilon = \varepsilon \cdot \eta = \eta$$

由此可知，右单位元仅有一个。

（4）对于各 α，满足 $\alpha \cdot \alpha' = \varepsilon$ 的 α' 仅存在一个。

因为经过 α 后平面上的点一一对应，所以对于任意的点 P，都应该存在点 P' 经过 α 后与之对应，所以：

$$\alpha(P') = P$$

现在，令点 P' 与点 P 对应，令这个操作为 β：

$$\beta(P) = P'$$

那么，$\beta(P) = P'$，$\beta(Q) = Q'$ 时，因为 $\alpha(P') = P$，$\alpha(Q') = Q$，所以点 P'、Q' 间的距离与点 P、Q 间的距离是相等的。由此可知，β 是一个运动。并且，如果 $\alpha(P') = P$，则因为

$$(\alpha \cdot \beta)(P) = \alpha(\beta(P)) = \alpha(P') = P = \varepsilon(P)$$
$$(\beta \cdot \alpha)(P') = \beta(\alpha(P')) = \beta(P) = P' = \varepsilon(P')$$

所以必然有

$$\alpha \cdot \beta = \beta \cdot \alpha = \varepsilon$$

也就是说，我们知道了，在这里 β 起到了 α' 的作用。可以通过以下操作确认这样的 α' 仅有一个。也就是，如果

$$\alpha \cdot \gamma = \varepsilon$$

则因为

$$\gamma = \varepsilon \cdot \gamma = (\beta \cdot \alpha) \cdot \gamma = \beta \cdot (\alpha \cdot \gamma) = \beta \cdot \varepsilon = \beta$$

所以，一切满足该条件的运动都与上面的 β 一致。

这样我们知道了平面上所有的运动都可以形成群。我们称其为 **"平面的运动群"**。

克莱因（图 7.12）发现，欧几里得几何学研究的，全都是像上面一样运动后相互对应的图形，也就是全等图形的性质。在欧几里得几何学中与三角形相关的命题，在一切全等三角形中也是成立的。他认为，"欧几里得几何学的目的是研究平面上的图形在被施加运动的操作后，也依旧能够保持的性质。"。

他认为，实际上对于罗巴切夫斯基几何学、黎曼几何学等，也都可以从同样的观点出发赋予其这一性质。

图 7.12

接下来，我们讲一下他的基本思想。

一般来说，当存在某类元素的集合 X 时，分别赋予该集合中的每个元素之间一一对应的关系。换句话说，让每一个元素正好一一对应另一个元素，总体上不多不少，这样的操作称为 X 上的"**变换**"。例如，我们可以说，运动是点的集合，即平面上的特殊变换。若全体运动形成了一个群，此时，思考 X 上的变换的某个集合，有时它作为整体形成一个群①。这种情况下，我们称这个群为 X 上的"**变换群**"。

有一个分支学科专门研究当给出某类元素的集合 X 和 X 上的一个变换群时，X 的若干个元素的集合（称为 X 的"图形"）的性质中，即使对该图形实施变换群的各种变化也不会使 X 发生性质的改变。克莱因将这个分支学科命名为"**X 在该变换群下的几何学**"。例如，欧几里得几何学就是研究平面在运动群这个变换群下性质不发生改变的几何学。

欧几里得的公理、公设自不必说，就连希尔伯特公理体系也仅止步于为了推导几何学而证明了必要的前提，完全没有搞清楚研究几何学的目的等内容。我们可以从希尔伯特公理体系出发推导出整个欧几里得几何体系，除此之外我们其实还可以推导出更多内容。此时，证明了《几何原本》中所写的东西正是几何学的内容的，正是克莱因。

如此一来，我们甚至可以说，欧几里得几何学最终归结于研究运动群的性质。我们必须承认，抽象代数学是非常强的一门学科，其作用非同小可。

克莱因将他的思想在他担任埃朗根大学教授时的一次演讲中作为他今后的研究项目发布。因此，这个项目被称为"**埃朗根纲领**"。

---

① "积"的定义与"运动"的情况是一回事的时候。

第八章

切分直线——实数的概念与无限主义的形成

实数的连续性

本书第五章中已经介绍过柯西试图不使用面积的概念定义定积分的方法的相关内容，这里再次介绍一下柯西的方法，内容如下。

令 $y = f(x)$ 为定义在 $a \leqslant x \leqslant b$ 范围内的连续函数。首先，将 $a \leqslant x \leqslant b$ 这个范围 2^n 等分。也就是，首先将其二等分，然后分别对每一个二等分的部分再进行二等分……像这样，持续进行 n 次相同的操作。然后，将分割点以从小到大的顺序命名为

$$a = x_0, x_1, x_2, \cdots, x_{2^n} = b$$

现在，使用这些分割点形成和

$$S_n = f(x_0)(x_1 - x_0) + f(x_1)(x_2 - x_1) + \cdots + f(x_{2^n-1})(x_{2^n} - x_{2^n-1})$$

时，如果极限 $\lim\limits_{n\to\infty} S_n$ 的值存在，则称它为 $y=f(x)$ 的"从 a 到 b 的定积分"，记作

$$\int_a^b f(x)\mathrm{d}x$$

的形式①。

正如之前所讲，这句话中的"如果……存在"具有非常重要的意义。牛顿、莱布尼茨等人认为，定积分就是作为"曲边梯形的面积"事先"存在"的事物。然而，柯西认为，因为定积分起源于与面积断绝关系的想法，所以为了能够单独研究定积分，首先必须证明定积分存在。

为了叙述简便，这里给出函数 f 在单调递增，即若 $x<x'$，则 $f(x)\leqslant f(x')$ 的情况下，定积分存在的证明。

首先，由定义出发可得

$$s_n = f(x_0)(x_1-x_0)+f(x_1)(x_2-x_1)+\cdots+f(x_{2^n-1})(x_{2^n}-x_{2^n-1})$$

并且，如果令 $a\leqslant x\leqslant b$ 的 2^{n+1} 等分点分别为 $x_0',x_1',\cdots,x_{2^{n+1}}'$，则

$$s_{n+1} = f(x_0')(x_1'-x_0')+f(x_1')(x_2'-x_1')+\cdots+f(x_{2^{n+1}-1}')(x_{2^{n+1}}'-x_{2^{n+1}-1}')$$

这里需要注意，形成 s_n 时用到的

$$x_i \leqslant x \leqslant x_{i+1}$$

这个小范围（$a\leqslant x\leqslant b$ 被 2^n 等分后的其中一个），是将 s_{n+1} 的范围进一步二等分即

$$x_{2i}' \leqslant x \leqslant x_{2i+1}', x_{2i+1}' \leqslant x \leqslant x_{2(i+1)}'$$

后形成的。例如，范围 $x_0\leqslant x\leqslant x_1$ 确实可以分为

$$x_0' \leqslant x \leqslant x_1', x_1' \leqslant x \leqslant x_2'$$

这两部分。并且，因为假设了 $y=f(x)$ 是单调递增的，所以如图 8.1 所示，无论 k 多大，总是满足

$$f(x_k') \leqslant f(x_{k+1}')$$

又因为

$$f(x_i) = f(x_{2i}')$$

所以

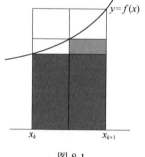

图 8.1

---

① 之前讲的时候，是对 $a\leqslant x\leqslant b$ 这个范围进行 n 等分。但是，像上面这样操作也可以得到同样的结果。

$$s_{n+1} - s_n$$

$$= f(x'_0)(x'_1 - x'_0) + f(x'_1)(x'_2 - x'_1) + \cdots - f(x_0)(x_1 - x_0) - f(x_1)(x_2 - x_1) - \cdots$$

$$= f(x'_0)(x'_1 - x'_0) + f(x'_1)(x'_2 - x'_1) + \cdots - f(x_0)(x'_1 - x'_0) - f(x_0)(x'_2 - x'_1) -$$
$$f(x_1)(x'_3 - x'_2) - f(x_1)(x'_4 - x'_3) - \cdots$$

$$= (f(x'_1) - f(x'_0))(x'_2 - x'_1) + (f(x'_3) - f(x'_2))(x'_4 - x'_3) + \cdots \geqslant 0$$

换言之，在这里我们已经可以确认

$$s_1 \leqslant s_2 \leqslant \cdots \leqslant s_n \leqslant \cdots$$

如图 8.2 所示，s_n 就是由"内侧"靠近 $y = f(x)$ 的曲边梯形的面积。现在尝试作由"外侧"靠近该曲边梯形的面积：

$$S_n = f(x_1)(x_1 - x_0) + f(x_2)(x_2 - x_1) + \cdots + f(x_{2^n})(x_{2^n} - x_{2^n-1})$$

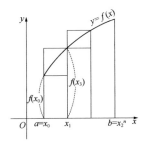

图 8.2

那么，与上面完全相同，我们可以确认

$$S_1 \geqslant S_2 \geqslant \cdots \geqslant S_n \geqslant \cdots$$

并且，

$$S_n - s_n = (f(x_1) - f(x_0))(x_1 - x_0) + \cdots + (f(x_{2^n}) - f(x_{2^n-1}))(x_{2^n} - x_{2^n-1}) =$$
$$(f(x_1) - f(x_0))\frac{b-a}{2^n} + \cdots + (f(x_{2^n}) - f(x_{2^n-1}))\frac{b-a}{2^n} = (f(b) - f(a))\frac{b-a}{2^n}$$

等式右边为一个随着 n 变大而无限变小的变量。

换言之，就是指

$$s_1 \leqslant s_2 \leqslant \cdots \leqslant s_n \leqslant \cdots \leqslant S_n \leqslant \cdots \leqslant S_2 \leqslant S_1$$

并且，拥有相同编号的 s 与 S 之间的差随着 n 无限变大而无限变小。

记住上述结论，然后仔细观察图 8.3 可以发现，存在仅有的一个数，它在所有 s 的右边，也在所有 S 的左边。现在，令这个数为 α，显然可以得到

$$0 \leqslant \alpha - s_n \leqslant S_n - s_n$$

且不等式右边是一个比任何数都要小的变量。因此，$\alpha - s_n$ 也必然具有相同的性质，所以

$$\lim_{n \to \infty} s_n = \alpha$$

即

$$\alpha = \int_a^b f(x)\mathrm{d}x$$

作为定积分存在得到了证明。

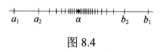

图 8.3

有的人或许已经发现了，实际上我们在上面的证明过程中，轻易承认了位于所有 s 的右边，且位于所有 S 的左边的数仅存在一个。于是，问题来了，这究竟是不是事实呢？将我们承认的事情用一般的命题形式描述如下。

"实数的两个序列

$$a_1, a_2, \cdots, a_n, \cdots$$
$$b_1, b_2, \cdots, b_n, \cdots$$

中，对于任意 n，若同时满足

$$a_n < b_n$$

以及

$$a_1 \leqslant a_2 \leqslant \cdots \leqslant a_n \leqslant \cdots$$
$$b_1 \geqslant b_2 \geqslant \cdots \geqslant b_n \geqslant \cdots$$

并且，$b_n - a_n$ 的差随着 n 变大无限变小，则对于所有的 n，满足

$$a_n < \alpha < b_n$$

的数 α 存在且仅存在一个。"

图 8.4 表示全体实数是"没有间隙一直连接着的"。因此，这个事实被用**"实数的连续性"**来表示。

图 8.4

然而，这个性质看似理所当然，但是仔细思考后会发现，它并不是不言而喻的，之后会具体讲到这一点。当然，按道理来说，只要证明完毕就万事大吉，

但是它的证明相当麻烦。

自柯西以来人们就关注微积分的基础了，但是后来大家逐渐明白，除了上文中的定积分的例子之外，若是探求论证方法的不完备之处，那么最终一切都可以归结为"实数的连续性"的证明问题。例如，之前讲过的拉格朗日中值定理的证明，也完全可以归结为相同的问题。反过来说，只要承认了这个命题，显然一切都将拥有确凿的依据。换言之，只要能够证明"实数的连续性"，那么微积分在逻辑上就是成立的。

到了 19 世纪后半叶，很多关心数学基础的数学家，都致力于从正面研究这一问题。"实数的连续性"并非"不言自明"的事实，可以通过以下内容发现。

古希腊时代，人们最初认为所有的量都必须是整数的比。也就是，两个量 a、b 的比 $a:b$ 必然为分数：$\dfrac{n}{m}$；用现代的语言来说，就是"有理数之外不存在实数"。

如图 8.5 所示，根据勾股定理，边长为 a 的正方形的一条对角线的长度 b 等于 $\sqrt{2}a$，因此

$$b:a = \sqrt{2}$$

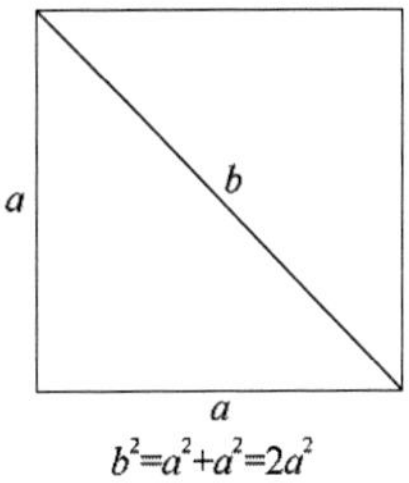

但是这不是分数[1]。这一事实被毕达哥拉斯学派的人发现了。但是对于热爱"和谐"、认为所有的量都必须是整数之比的他们来说，这无疑意味着"造化之神的过失"[2]。

在现在的我们看来，

$$\sqrt{2} = 1.4142135\cdots$$

当然是一个实数。在这里，令

$$a_1 = 1, a_2 = 1.4, a_3 = 1.41, a_4 = 1.414, \cdots$$
$$b_1 = 2, b_2 = 1.5, b_3 = 1.42, b_4 = 1.415, \cdots$$

因为一方面，

$$a_1 \leqslant a_2 \leqslant \cdots \leqslant a_n \leqslant \cdots \leqslant b_n \leqslant \cdots \leqslant b_2 \leqslant b_1$$

另一方面，$b_n - a_n$ 等于

$$\overset{n-2}{\overline{0.00\cdots01}} = \frac{1}{10^{n-1}}$$

注意，当 n 变大时，$b_n - a_n$ 的值无限变小。并且，因为

$b^2 = a^2 + a^2 = 2a^2$

图 8.5

---
① 其证明与本书第七章介绍的 $\sqrt[3]{2}$ 不是有理数的证明相似。

② 他们极力隐瞒这个"过失"。据说一个叫希帕苏斯的人因发现这一真相被溺亡。

$$a_n \leqslant \sqrt{2} \leqslant b_n \quad (\ n = 1,2,3,\cdots)$$

所以，这种情况下"实数的连续性"确实成立。

现在让我们像古希腊人一样，认为有理数之外不存在实数，因此直线上的点全都用有理数表示。此时，因为 $\sqrt{2}$ 这个数字是"不存在的"，所以必然得到"实数的连续性"是不成立的这一结论。在古希腊式的思考方式下，本应没有"间隙"的直线在现实中是存在间隙的，不是一直连接的。

当然，我们知道有理数之外还有无理数。那么，在有理数的基础上加上无理数，上述间隙最终就会消失吗？会不会还存在一些我们没有发现的间隙呢？人们当然会产生这样的疑问。

话虽如此，但是，当我们从对直线的直观感受等出发时，对于"实数的连续性"就会深信不疑，这一点是事实。并且，微积分已经基于这个直观感受作为无法抹杀的既成事实建立起来。如果现在发现这个直观感受实际上是错误的，那么事情就很难收场。

如果那些值得怀疑的东西无论如何都必须得到确认，那么除了证明它们之外，自然别无他法。但是，在这里我们必须思考的是，与证明的依据相关的东西。

若问题像这样逐渐触及最根本之处的话，当然就必须重新考虑何谓实数。关于实数，原本我们有着模糊的概念。但是，回顾数学的历史会发现，我们至今为止都没有给它下过一个定义。也就是说，数学是在我们已经对实数了如指掌这个基础上发展而来的。于是，"如何给实数一个符合我们直观感受的定义"这件事就成了先决问题。

成功解决这个重要问题的，有戴德金（1831—1916）、康托尔（1845—1918）、魏尔斯特拉斯（1815—1897）等人。他们对实数的定义方法不同，但是最终都证明了同一件事。换言之，不管是采用他们当中哪一个人的定义方法，最终都可以证明同样的东西作为实数建立起来。

从便利性角度来看，每个方法都各有千秋。下面介绍一下其中经常被引为例证的戴德金的定义方法。

实数概念的分析

为了方便大家理解戴德金的定义方法，首先分析我们对实数持有的观念。我们的意图在于，适当定义实数，从而推导出实数的连续性。因此，一般认为，最佳策略就是将连续性作为分析的中心。

首先，取任意实数 α 时，令满足

$$x \leqslant \alpha$$

的所有有理数 x 的集合为 A_1，剩下所有的有理数的集合为 A_2，那么下面这两个性质就得到满足。

（1）如果 x 是 A_1 中的元素，y 是 A_2 中的元素，那么必然有 $x < y$。

（2）A_2 中没有最小的数。

并且，要注意下面两点。

（1）如果 α 是有理数，那么它是 A_1 中最大的数。

（2）如果 α 是无理数，那么它比 A_1 中的任何数都大，且比 A_2 中的任何数都小。

下面将这样的有理数的分组称为"**通过 α 形成的分组**"。

重要的其实是与它相反的内容。也就是说，将所有的有理数分为 A_1、A_2 这两个组，并且，让它们满足性质（1）、性质（2）这两个条件，此时可以确认满足 $x \leqslant \alpha$ 的所有 x 的集合就是 A_1，剩下的有理数的集合是 A_2 的实数 α 是存在的。为了证实这一点，只需要证明满足性质（1）、性质（2）的有理数的分组 A_1、A_2，必然符合以下两项中的一项。

（1）要么 A_1 存在最大的有理数。

（2）要么存在比 A_1 中任意一个数都大、比 A_2 中任意一个数都小的无理数。

如果已经符合（1），那么没有问题。下面我们确认一下不符合（1）而符合（2）的情况。

为了确认，我们需要进行如下操作。首先，令 A_1 包含的整数中最大的为 a_1。接下来，令

$$a_1, a_1 + \frac{1}{10}, a_1 + \frac{2}{10}, \cdots, a_1 + \frac{9}{10}$$

这 10 个数中包含在 A_1 中的最大的数为 a_2。下一步，令

$$a_2, a_2 + \frac{1}{10^2}, a_2 + \frac{2}{10^2}, \cdots, a_2 + \frac{9}{10^2}$$

这 10 个数中包含在 A_1 中的最大的数为 a_3。接下来，依此类推，形成有理数的数列：

$$a_1 \leqslant a_2 \leqslant a_3 \leqslant \cdots \leqslant a_n \leqslant \cdots$$

那么，显然 $a_{n-1} - a_n < \frac{1}{10^{n-1}}$，并且满足以下 3 个性质。

① 令 $b_1 = a_1 + 1, b_2 = a_2 + \dfrac{1}{10}, b_3 = a_3 + \dfrac{1}{10^2}, \cdots$ 这些都是 A_2 的成员[①]。

② $b_{n-1} - b_n = \left(a_{n-1} + \dfrac{1}{10^{n-2}}\right) - \left(a_n + \dfrac{1}{10^{n-1}}\right)$

$$= \dfrac{9}{10^{n-1}} - (a_n - a_{n-1})$$

即

$$b_1 \geqslant b_2 \geqslant b_3 \geqslant \cdots \geqslant b_n \geqslant \cdots$$

③ $b_n - a_n = \dfrac{1}{10^{n-1}}$ ，因此令 n 变大则差无限变小。

如果实数的连续性成立，则满足

$$a_1 \leqslant a_2 \leqslant \cdots \leqslant a_n \leqslant \cdots \leqslant \alpha \leqslant \cdots \leqslant b_n \leqslant \cdots \leqslant b_2 \leqslant b_1$$

的 α 必然存在。现在，取 A_1 中的任意一个数 x，必然满足 $x \leqslant \alpha$。如果 $\alpha < x$，那么因为 $a_n - b_n$ 无论如何都会变小， $b_n - \alpha$ 也同样如此，所以对于足够大的 n，$\alpha \leqslant b_n < x$，因而产生了 x 包含在 A_2 中的矛盾。同理，可以确认对于 A_2 中的任意一个数 y，$y \geqslant \alpha$。并且，这个 α 不可能是有理数。如果它是有理数，那么它必须要么包含在 A_1 中，要么包含在 A_2 中。但是根据上述内容可知，如果它包含在 A_1 中就必须是 A_1 中的最大数，如果它包含在 A_2 中就必须是 A_2 中的最小数。然而，本来 A_2 中无最小数，根据不符合（1）这个假设，A_1 中也就没有最大数，因此这就与假设相违背。也就是说，在这里（2）的成立得到了确认。

另外，由两个不同的实数 α、β 形成的分组也必然不同。可以通过以下理由知道。例如假设 $\alpha < \beta$，满足

$$\alpha < x < \beta$$

的有理数 x 在由 β 形成的分组中包含在 A_1 中，在由 α 形成的分组中包含在 A_2 中。

如此一来，我们可以知道，满足性质（1）、性质（2）的分组由一个，并且仅由一个实数形成。满足条件（1）、条件（2）的有理数的分组 A_1、A_2 一般被称为"**有理数的分割**"（现称戴德金分割），习惯记作 $(A_1 | A_2)$。上面证明的，就是如果一个实数被确定，那么由它形成的分组处的分割只有一个；相反，对于任意的分割，形成它的实数仅存在一个。换言之，实数与有理数的分割是一一对应的。

---

① a_1 是 A_1 中最大的整数，因此 $a_1 + 1$ 不包含在 A_1 中。$a_2, a_3, \cdots$ 也不包含在 A_1 中。

戴德金的实数论

在前文中，我们将实数作为已经充分了解的概念，在此基础上展开了相关内容的介绍。然而，实际上，我们当前的任务是假设我们完全不知道实数是什么，在此基础上对实数进行定义。至今为止我们所知道的，就是实数是与有理数的分割一一对应的这一事实。也就是说，在我们的观念中，被称为实数的东西可以通过我们充分了解的有理数的分割一一得到确切的指定。

如果将有理数的分割本身强行看作实数，并且，在它们之间定义符合我们的观念的大小顺序和四则运算，既然我们已经充分了解了有理数，那么是不是就可以形成我们观念中的实数呢？实际上，这就是戴德金思考方式的根本所在。

可能有人会认为，分组这种东西根本就没有数的样子。但是，究竟什么是数呢？关于这一点，最先应该明了的是数是人类创造的东西。思考数的作用时，我们会发现，数之间的四则运算、大小顺序之类的东西是非常重要的，相比之下，纠结于数本身是什么现在并不是很重要。那么，在这里，不管数是什么，只要在它们之间定义了四则运算、大小顺序，并且，存在若干个例如可以证明"实数的连续性"等命题的东西，就完全可以称它们为数了。

戴德金从这个观点出发，称有理数的分割是"**实数**"。并且，在实数 $(A_1|A_2)$ 中，若 A_1 存在最大的数就称这个分割为"**有理实数**"，否则称为"**无理实数**"。

对于有理实数 $(A_1|A_2)$，在 A_1 中的最大数处存在有理数 a；相反，对于任意的有理数 a，存在由它形成的分组处的有理实数 $(A_1|A_2)$，即 A_1 中存在最大数 a 时的实数。换言之，有理数与有理实数是一一对应的关系。今后，将有理数 a 对应的有理实数记作 $\alpha(a)$。

下面定义像这样形成的实数的大小顺序。首先，一般来说，当存在两类元素的集合 A、B 时，如果 A 的元素全都是 B 的元素，那么我们称 A 为 B 的"**子集**"，记作

$$A \subseteq B$$

此时，我们很容易知道，A 与 B 一致，即

$$A = B$$

可以作为上面的特别情况。与此相反，A 真的是 B 的一部分，即 B 中存在不属于 A 的元素时，我们称 A 为 B 的"**真子集**"，记作

$$A \subsetneqq B$$

现在，对于两个实数：

$$\alpha = (A_1 | A_2), \quad \beta = (B_1 | B_2)$$

所谓"**β在α以上**"，即

$$\alpha \leqslant \beta$$

指的就是 A_1 是 B_1 的子集：

$$A_1 \subseteq B_1$$

此时，如果是特殊的情况 $A_1 = B_1$，那么 A_2 当然也等于 B_2，所以 α 与 β 也相等：

$$\alpha = \beta$$

换言之，在

$$A_1 \subsetneqq B_1$$

时，我们称"**β比α大**"，用

$$\alpha < \beta$$

的形式[①]表示。

此时，我们可以确认下列命题成立。

（1）对于任意的实数 α、β，

$$\alpha < \beta、\alpha = \beta、\alpha > \beta$$

三者之中一定有一个成立。

（2）如果 $\alpha \leqslant \beta$、$\beta \leqslant \gamma$，那么 $\alpha \leqslant \gamma$。

（3）对于有理数 a、b，如果 $a < b$ 成立，那么

$$\alpha(a) < \alpha(b)$$

上述命题的证明如下。

（1）令 $\alpha = (A_1 | A_2)$、$\beta = (B_1 | B_2)$。如果 $A_1 \subseteq B_1$，那么要么 $A_1 = B_1$，要么 $A_1 \subsetneqq B_1$。因此，根据定义，要么 $\alpha = \beta$，要么 $\alpha < \beta$。如果 $A_1 \nsubseteq B_1$，那么就存在是 A_1 的元素但不是 B_1 的元素的有理数 x。这样的 x 自然必须是 B_2 的元素。这意味着 x 比 B_1 中所有的数都大。然而，比 x 小的所有有理数都在 A_1 中。因此，B_1 中所有的数都必须包含在 A_1 中：

$$B_1 \subseteq A_1$$

尽管如此，因为假设 $A_1 \subsetneqq B_1$，尤其是 $A_1 \neq B_1$，即可以得到 $\beta < \alpha$。

（2）令 $\alpha = (A_1 | A_2)$、$\beta = (B_1 | B_2)$、$\gamma = (C_1 | C_2)$。根据 $\alpha \leqslant \beta$、$\beta \leqslant \gamma$ 可得

$$A_1 \subseteq B_1, B_1 \subseteq C_1$$

因此，我们可以知道 A_1 中的元素也都是 C_1 中的元素：

---

① 回想前文的结论，显然可以知道这样的定义是符合我们的观念的。

$$A_1 \subseteq C_1$$

这也正意味着 $\alpha \leqslant \gamma$。

（3）令 $\alpha(a) = (A_1|A_2)$、$\alpha(b) = (B_1|B_2)$，则 A_1 由小于 a 的所有有理数构成，B_1 由小于 b 的所有有理数构成。因此，A_1 是 B_1 的子集：

$$A_1 \subseteq B_1$$

并且，如果进一步，

$$\frac{a+b}{2}$$

不包含在 A_1 中，但是包含在 B_1 中，那么，$A_1 \neq B_1$，即 $\alpha(a) < \alpha(b)$。

这样，我们就确认了实数之间具有**大小顺序**，这个新的顺序下有理实数的大小关系和与之相对应的有理数的大小关系是完全相同的。

为了将实数作为数自由地进行处理，我们必须定义**四则运算**。具体过程省略。举个例子，对于两个实数

$$\alpha = (A_1|A_2), \beta = (B_1|B_2)$$

从 A_1 的元素 x 和 B_1 的元素 y 出发作 $x+y$，思考一切 $x+y$ 形成的 C_1，可以证明 C_1 与不属于 C_1 的一切有理数 C_2 一起确定了一个实数

$$\gamma = (C_1|C_2)$$

我们将这个新的实数定义为 α、β 之和：

$$\gamma = \alpha + \beta$$

总之，我们可以知道，可以用上述方式定义实数之间的四则运算：加、减、乘、除。这样就能够满足下列条件。

（1）所有实数形成一个域。

（2）有理实数之间的四则运算和与之对应的有理数的四则运算是一致的：

$$\alpha(a) \pm \alpha(b) = \alpha(a \pm b)$$
$$\alpha(a) \times \alpha(b) = \alpha(a \times b)$$
$$\alpha(a) \div \alpha(b) = \alpha(a \div b)$$

（3）$\alpha - \beta > \alpha(0)$ 与 $\alpha > \beta$ 是一回事。

（4）如果 $\alpha > \alpha(0)$、$\beta > \beta(0)$，则 $\alpha + \beta > \alpha(0)$，$\alpha \times \beta > \alpha(0)$。

由此，我们可以确认，有理实数无论是大小顺序，还是四则运算，都和有理数相同。因此，我们可以发现，如果将有理实数与有理数混作一谈也并无妨碍。基于这个原因，今后将 $\alpha(a)$ 仅写作 a。所以，$\alpha(0)$ 仅被写作 0。

到这里，我们以有理数为基础，形成了对它的"扩张"，即扩大到实数，此事至此暂告一段落。对于像这样形成的实数来说，**"实数的连续性"** 究竟是否存

在呢？接下来，我们确认一下这个问题。

现在，在两个实数数列

$$\alpha_1,\alpha_2,\alpha_3,\cdots,\alpha_n,\cdots$$
$$\beta_1,\beta_2,\beta_3,\cdots,\beta_n,\cdots$$

中，首先假设

$$\alpha_1\leqslant\alpha_2\leqslant\alpha_3\leqslant\cdots\leqslant\alpha_n\leqslant\cdots\leqslant\beta_n\leqslant\cdots\leqslant\beta_3\leqslant\beta_2\leqslant\beta_1$$

是成立的，并且 $\beta_n-\alpha_n$ 随着 n 的变大无限变小，即无限接近于 0。

为了方便，令

$$\alpha_1=(A_1^{(1)}|A_2^{(1)}),\alpha_2=(A_1^{(2)}|A_2^{(2)}),\cdots,\alpha_n=(A_1^{(n)}|A_2^{(n)}),\cdots$$
$$\beta_1=(B_1^{(1)}|B_2^{(1)}),\beta_2=(B_1^{(2)}|B_2^{(2)}),\cdots,\beta_n=(B_1^{(n)}|B_2^{(n)}),\cdots$$

在这里，A、B 右上角标注的类似于 "(n)" 的记号，表示 A、B 分别是 α_n、β_n 等分割的 "组"。

那么，将

$$B_2^{(1)},B_2^{(2)},\cdots,B_2^{(n)},\cdots \tag{*}$$

中所有的有理数都集中起来形成 C_2，并且将剩下的所有有理数都集中起来形成 C_1。那么，C_1 自然不是（*）中任意一个 B 中的有理数，换言之，C_1 是由全都包含在

$$B_1^{(1)},B_1^{(2)},\cdots,B_1^{(n)},\cdots$$

中的有理数构成的。

在这里，我们证明一下 C_1、C_2 可以确定一个实数：$(C_1|C_2)$。首先，取 C_1 中的元素 x 和 C_2 中的元素 y。那么，由 C_2 的定义可知，y 一定在某个 $B_2^{(n)}$ 中。与此相对，x 是 $B_1^{(n)}$ 中的元素。因此，通过 $B_1^{(n)}$ 与 $B_2^{(n)}$ 的关系可以确认

$$x<y$$

并且，C_2 不包含最小数。其原因在于，C_2 中的任意元素 y 应该属于 $B_2^{(n)}$，但是因为 $B_2^{(n)}$ 中无最小数，所以满足 $y'<y$ 的有理数 y' 也必须包含在其中。然而，$B_2^{(n)}$ 中的元素都是 C_2 中的元素，所以这个 y' 也必须是 C_2 中的元素。由此可得，y 不可能是最小数。

令像这样得到的实数 $(C_1|C_2)$ 为 α。那么，因为 C_1 中的元素都是 $B_1^{(n)}$ 中的元素，即

$$C_1\subseteq B_1^{(n)}$$

所以

$$\alpha\leqslant\beta_n$$

并且，又因为对于任意的 m、n，都满足 $\alpha_m\leqslant\beta_n$，所以 $A_1^{(m)}$ 中的元素包含在所

有的 $B_1^{(n)}$ 中。这就意味着，$A_1^{(m)}$ 中的所有元素都包含在 C_1 中：

$$A_1^{(m)} \subseteq C_1$$

由此可得

$$\alpha_m \leqslant \alpha$$

这样我们就确认了满足 $\alpha_1 \leqslant \alpha_2 \leqslant \alpha_3 \leqslant \cdots \leqslant \alpha_n \leqslant \cdots \leqslant \beta_n \leqslant \cdots \leqslant \beta_3 \leqslant \beta_2 \leqslant \beta_1$ 的 α 存在。

然而，这样的 α 不可能存在两个。现在假设存在两个具有上述性质的实数 α、α'，并且 $\alpha < \alpha'$，那么

$$\alpha_1 \leqslant \cdots \leqslant \alpha_n \leqslant \cdots < \alpha < \alpha' \leqslant \cdots \leqslant \beta_n \leqslant \cdots \leqslant \beta_1$$

这样一来 $\beta_n - \alpha_n$ 就不可能比 $\alpha' - \alpha$ 小了。也就是说，满足该条件的实数不存在两个。这样，"实数的连续性"就得到了证明。从而，我们可以认为微积分的基础得到了确立。

先前我们讲过，古希腊人没有认可无理数的存在，所以他们面临数学上的巨大危机。但是，需要注意的是，这并不意味着他们没有想到对策来应对此事。欧多克索斯放弃了将两个量的比 $a:b$ 换算成自然数的比，而是尝试将比作为"比"本身进行处理。例如，他对于"比的相等"的定义如下。

对于两个比 $a:b$ 与 $c:d$，无论取怎样的一对自然数 m、n，都一定满足

（1）若 $ma = nb$，则 $mc = nd$；

（2）若 $ma > nb$，则 $mc > nd$；

（3）若 $ma < nb$，则 $mc < nd$

此时，m、n 是相等的。

小托马斯·希思等人称，这与戴德金的理论和根本思想是相同的。在这里，我们只是提醒大家这类理论得到了发展。

关于"小数"

这里暂且用"小数"来表示我们定义的实数，这样绝非没有益处。首先，如果 $\alpha = 0$，那么没有必要这么做。然后，如果 $\alpha < 0$，那么只需要先将 $-\alpha$ 用

$$a_0.a_1a_2a_3\cdots a_n\cdots$$

这样的小数表示，再在它的前面加上符号"$-$"即可。因此，我们只要知道如何用小数表示正实数就足够了。

整数是特殊的有理数，因为在前文中我们讲到将有理数与有理实数混为一谈也并无大碍，所以可以将整数考虑成特殊的实数。在下面的内容中，我们将

遵守这一约定。

那么，取任意一个正实数 α。首先，思考比 α 小的整数中最大的那一个，令它为 a_0。这个数应该为 0 或者正数。接下来，思考

$$a_0 = a_0 + \frac{0}{10}, a_0 + \frac{1}{10}, a_0 + \frac{2}{10}, \cdots, a_0 + \frac{9}{10}$$

这 10 个数中所有比 α 小的数。取其中最大的那个数，将其记作

$$a_0 + \frac{a_1}{10}$$

在这里，a_1 是 $0, 1, 2, \cdots, 9$ 中的某一个数。再思考

$$a_0 + \frac{a_1}{10} = a_0 + \frac{a_1}{10} + \frac{0}{10^2}, a_0 + \frac{a_1}{10} + \frac{1}{10^2}, \cdots, a_0 + \frac{a_1}{10} + \frac{9}{10^2}$$

这 10 个数中所有比 α 小的数，将其中最大的那个数记作

$$a_0 + \frac{a_1}{10} + \frac{a_2}{10^2}$$

使用这样的方式推进，最终可以形成

$$a_0, a_1, a_2, \cdots, a_n, \cdots$$

这个数列。

在得到这些数的过程中出现的像

$$a_0 + \frac{a_1}{10}, a_0 + \frac{a_1}{10} + \frac{a_2}{10^2}, a_0 + \frac{a_1}{10} + \frac{a_2}{10^2} + \frac{a_3}{10^3}, \cdots$$

一样的数，分别就是小数：

$$a_0 . a_1, a_0 . a_1 a_2, a_0 . a_1 a_2 a_3, \cdots$$

根据以上定义，显然可以得到

$$a_0 . a_1 \leqslant \alpha < a_0 + \frac{a_1 + 1}{10}$$

$$a_0 . a_1 a_2 \leqslant \alpha < a_0 . a_1 + \frac{a_2 + 1}{10^2}$$

$$a_0 . a_1 a_2 a_3 \leqslant \alpha < a_0 . a_1 a_2 + \frac{a_3 + 1}{10^3}$$

$$\cdots$$

如果令以上各个不等式的左边和右边分别为 α_n、β_n，则立刻可以看出

$$\beta_n - \alpha_n = \frac{1}{10^n}$$

$$\alpha_1 \leq \alpha_2 \leq \cdots \leq \alpha_n \leq \cdots \leq \alpha \leq \cdots \leq \beta_n \leq \cdots \leq \beta_2 \leq \beta_1$$

由此可得，$\alpha_n - \alpha$ 比 $\alpha_n - \beta_n$，即 $\dfrac{1}{10^n}$ 还要小。因为这个数随着 n 的增大而无限减小，所以 $\alpha_n - \alpha$ 也具有相同的性质。因此，

$$\lim_{n \to \infty} \alpha_n = \alpha$$

举一个例子，原本

$$\frac{1}{3} = 0.333 \cdots 3 \cdots$$

的意思是，形成

$$0.3, 0.33, 0.333, \cdots$$

这样的数列时，它的极限为 $\dfrac{1}{3}$。因此，如果将这种思路作为"用小数表示"这件事的定义，那么我们举例的这种情况也可以写成

$$\alpha = a_0.a_1a_2 \cdots$$

的形式。

通过以上内容我们可以得知，任意一个正数 α 都可以用小数表示。

接下来要注意，任意一个小数：

$$a_0.a_1a_2 \cdots$$

一定都可以表示一个正数。其原因在于，现在，令

$$\alpha_n = a_0.a_1a_2 \cdots a_n$$

$$\beta_n = \alpha_n + \frac{1}{10^n}$$

因为

$$\alpha_1 \leq \alpha_2 \leq \cdots \leq \alpha_n \leq \cdots \leq \beta_n \leq \cdots \leq \beta_2 \leq \beta_1$$

$$\beta_n - a_n = \frac{1}{10^n}$$

根据实数的连续性可以知道，满足

$$\alpha_1 \leq \alpha_2 \leq \cdots \leq \alpha_n \leq \cdots \leq \alpha \leq \cdots \leq \beta_n \leq \cdots \leq \beta_2 \leq \beta_1$$

的 α 只存在一个。在这里，显然

$$\lim_{n \to \infty} \alpha_n = \alpha$$

即

$$\alpha = a_0.a_1a_2 \cdots a_n \cdots$$

最终，显然所有的实数都可以用小数表示；相反，任意一个小数都表示一个实数[1]。

有时一个实数可以用两个无限小数表示，例如 0.12，既可以用

$$0.12000\cdots$$

表示，也可以用

$$0.11999\cdots$$

表示。经过证明，像这样的事情，仅在类似于 0.12 这样的所谓“有限小数”身上才会发生。证明过程略。

可列集

康托尔是实数理论的奠定者之一，同时他作为对集合[2]有着深刻的考察、研究的数学家而扬名天下。

他在集合方面的研究的出发点是“可列”[3]这一概念。他认为，一般来说，当给定一个集合 M 时，如果可以分别给予该集合的所有元素以不同的“序号”，排列成

$$a_1, a_2, a_3, \cdots, a_n, \cdots$$

那么称集合 M 是“可列”的。例如，全体偶数形成的集合：

$$\{2, 4, 6, \cdots, 100, 102, \cdots\}$$

如果令

$$a_1 = 2, a_2 = 4, \cdots, a_{50} = 100, \cdots$$

则其中的元素全都可以被标记序号，因此可以像上面那样进行排列，该集合的确是可列的。

全体有理数形成的集合也是可列的。其原因在于，一切有理数都出自下列数：

$$\cdots, -n, \cdots, -3, -2, -1, 0, 1, 2, 3, \cdots, n, \cdots$$

$$\cdots, -\frac{n}{2}, \cdots, -\frac{3}{2}, -\frac{2}{2}, -\frac{1}{2}, \frac{0}{2}, \frac{1}{2}, \frac{2}{2}, \frac{3}{2}, \cdots, \frac{n}{2}, \cdots$$

$$\cdots, -\frac{n}{3}, \cdots, -\frac{3}{3}, -\frac{2}{3}, -\frac{1}{3}, \frac{0}{3}, \frac{1}{3}, \frac{2}{3}, \frac{3}{3}, \cdots, \frac{n}{3}, \cdots$$

$$\cdots \qquad \cdots \qquad \cdots \qquad \cdots$$

---

① 这里的小数都是数位无穷无尽的“无限小数”。但数位有穷尽的有限小数也是实数。
② 康托尔起初将集合称为“Mannigfaltigkeit”，后来称为“Menge”。如今的德语使用后者。
③ 也称“可算”。

所以可以像下面这样增加箭头，给所有数字都依次标记序号。

$$
\begin{array}{ccccccccc}
\cdots & -3 & -2 \leftarrow & -1 & 0 & 1 \rightarrow & 2 & 3 \rightarrow & \cdots \\
 & & \downarrow & & \uparrow & \downarrow & \uparrow & \downarrow & \uparrow \\
\cdots & -\dfrac{3}{2} & -\dfrac{2}{2} & -\dfrac{1}{2} & \dfrac{0}{2} & \dfrac{1}{2} \rightarrow & \dfrac{2}{2} & \dfrac{3}{2} & \cdots \\
 & & & \downarrow & & \uparrow & & & \\
\cdots & -\dfrac{3}{3} & -\dfrac{2}{3} & -\dfrac{1}{3} & \dfrac{0}{3} \leftarrow & \dfrac{1}{3} \leftarrow & \dfrac{2}{3} \leftarrow & \dfrac{3}{3} & \cdots \\
 & & & \downarrow & & & & \uparrow & \\
\cdots & -\dfrac{3}{4} & -\dfrac{2}{4} \rightarrow & -\dfrac{1}{4} \rightarrow & \dfrac{0}{4} \rightarrow & \dfrac{1}{4} \rightarrow & \dfrac{2}{4} \rightarrow & \dfrac{3}{4} & \cdots \\
\cdots & -\dfrac{3}{5} & -\dfrac{2}{5} & -\dfrac{1}{5} & \dfrac{0}{5} & \dfrac{1}{5} & \dfrac{2}{5} & \dfrac{3}{5} & \cdots \\
 & & \cdots & & \cdots & & \cdots & & \cdots
\end{array}
$$

但是，因为此时偶尔会出现像

$$
1, \frac{2}{2}, \frac{3}{3}, \frac{4}{4}, \cdots
$$

这样相同的数字，所以一旦一个数字被标记了序号，下次就必须跳过它。总而言之，全体有理数形成的集合是可列集（又称可数集）。

接下来，我们对"可列"这个概念稍加分析。

打个比方，假设有两个由人组成的集合 A、B，为了搞清楚哪个集合中人数更多，一般来说，我们首先会分别计算 A 包含的人数和 B 包含的人数，认定其中数字更大的为人数"更多"的集合。但是，既然提出的问题是"哪个更多"，而不是"哪个更多且多多少"，我们就不得不承认，上述操作中存在很多没必要的操作。并且需要注意，对于"哪个更多"这一问题，是存在不计算 A、B 包含的人数也可以给出正确回答的方法的。

这并不是什么很难的问题，只要像下面这样操作即可。首先，从 A、B 中各自挑选出一个人，让这两个人握手。接着，从 A、B 中除去这两个人，从 A 中剩下的人与 B 中剩下的人中再各自挑选出一个人，再让他们握手。像这样，不断地分别从 A、B 中各自挑选出一个人形成组合，到最后，至少会有其中一个集合中没有人了。此时，如果是 A 中已经没有人而 B 中还有人，则 B 比 A 包含的人多。相反，如果是 B 中已经没有人而 A 中还有人，则 A 比 B 包含的人多。如果两个集合同时没有人的话，那么 A、B 中包含的人数就相同，当然，我们并不知道人数是多少。

"一一对应"这个概念是一个从一开始就模模糊糊但是一直在使用的概念。一般来说，当给定了两个集合A、B时，让A的一个元素与B的一个元素对应，如果最后可以让任意一个集合都没有剩余或者不足，就称这种对应的方式为A与B之间的"**一一对应**"。使用这个概念，将上述操作换一种方式说，则为以下内容。

（1）如果A与B之间存在一一对应的关系，那么A与B包含的人数相同。

（2）如果A是B的真子集，即满足

$$B_1 \subsetneqq B$$

的B_1之间是一一对应的关系，那么B比A包含的人多。

（3）如果B与A的真子集之间是一一对应的关系，那么A比B包含的人多。

我们在一开始讲述了计算A、B的人数并比较二者的方法。集合的"元素个数"概念并不是在"一一对应"这个概念之前产生的。集合的元素个数指的是，将具有一一对应关系的多个集合所共有的，而其他集合所不共用的一种性质，经过我们的抽象化获得的东西。例如，我们从

$$\{\bigcirc, \triangle, \square\}, \{a, b, c\}, \{\alpha, \beta, \gamma\}, \cdots$$

这些数量众多的集合中，抽象出这些集合共同拥有的唯一特征就是个数为"3"。

下面，我们从上面的观点出发再反过来看"可列"这个概念。

首先，集合M是可列的，换句话说，就是指它与自然数的集合

$$\{1, 2, 3, \cdots, n, \cdots\}$$

之间存在一一对应的关系。也就是说，给M的元素加上序号，排列成

$$a_1, a_2, \cdots, a_n, \cdots$$

就是让两个集合的元素像

$$1 \text{ 与 } a_1, 2 \text{ 与 } a_2, \cdots, n \text{ 与 } a_n, \cdots$$

这样相互对应。"无限多的元素的个数"这个说法虽说有些奇怪，但是作为"所有的可列集都拥有的特征"，我们可以从中抽象出来应该被称为"元素个数"的东西。

康托尔将可列集的元素个数记作$\aleph_0$。$\aleph$是希伯来语的第一个字母，读作"阿列夫"。

在这里，稍微有必要注意一下像这种关于"拥有无限元素的集合"的"元素个数"的问题。也就是说，拥有无限元素的集合与拥有有限元素的集合不同，A与满足

$$B_1 \subseteq B$$

的B_1之间即使存在一一对应的关系，一般也不能说A的元素个数比B的元素个数少。

例如，自然数的集合只是有理数的集合的一个子集，但是因为两者都是可列集，元素的个数都是 $\aleph_0$。并且，任意一条线段上点的个数，无论线段的长度如何，总是相等的。为了讲清这一点，如图 8.6 所示，设置 AB 与 CD，令 BD 的延长线与 AC 的延长线的交点为点 P，只需要让 PQ 的延长线与 AB 的交点 R 对应 CD 上的点 Q 即可。由此可得，AB 上所有的点都与 CD 上所有的点之间一一对应。

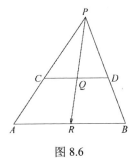

图 8.6

这就是"拥有无限元素的集合"的显著特征，戴德金将其用于"**无限集**"的定义。根据戴德金的定义，集合 A 和与它本身不一致的某个子集，即满足

$$A_1 \subseteq A$$

的 A_1 的元素个数相同，具有一一对应的关系时，被称为"**无限集**"。这符合我们观念中的无限——非有限的概念，这可以得到确认。

首先，"**有限集**"就是对于某个自然数 n，与

$$\{1,2,3,\cdots,n\}$$

这个集合之间存在一一对应关系的集合，显然不是上面定义中的无限集。因此，只要证明"所有不是有限集的集合都是上面的定义中的无限集"即可。

将不是有限集的集合记为 M。现在，从中任意挑选出一个元素，将其记作 a_1。接着，从剩下来的元素中再挑选出一个元素，将其记作 a_2。然后，从剩下的元素中任意挑选出一个元素，将其记作 a_3。那么，我们就可以像

$$a_1,a_2,\cdots,a_n,\cdots$$

这样无限继续类似的操作。如果到了哪里不能再继续这样操作下去，那么 M 就是

$$\{a_1,a_2,\cdots,a_n\}$$

这样的集合，这违背了它不是有限集的这一假设。现在，令从 M 中取出 a_1 后剩下的部分为 N。那么，

$$N \subseteq M$$

但是，在这里，对于 M 的元素中，那些与

$$a_1,a_2,\cdots,a_n,\cdots$$

中任何一个都不相等的元素，让它们与自身对应，并且，令元素像

$$a_1 与 a_2, a_2 与 a_3, \cdots, a_n 与 a_{n-1}, \cdots$$

这样互相对应，最终，M 与 N 之间就可以确定一一对应的关系。由此可知，在

戴德金的理解中，M 是无限集。

我们已经知道，不管是自然数的集，还是偶数的集合，抑或是奇数的集合，甚至是乍一看比这些集合包含更多元素的有理数的集合，都拥有相同的元素个数：$\aleph_0$。那么，被我们称为无限集的所有集合，是否都拥有相同的 $\aleph_0$ 个元素呢？这个问题自然而然地浮现出来。事实上，可以说康托尔划时代的"无限主义"，即**集合论**就是从这个问题出发研究而来的。

康托尔证明了上述问题的答案为否。例如，$0 < x < 1$ 时的实数 x 的集合就不是可列的。首先，注意一下，所有这样的实数都可以像

$$0.a_1 a_2 a_3 \cdots a_n \cdots$$

这样展开为无限小数。下面将有限小数全都看作有穷无尽的 0 的无限小数[①]，例如将 0.12 展开为

$$0.1200 \cdots 0 \cdots$$

现在，假设 $0 < x < 1$ 时的所有实数 x 的集合是可列的，那就应该可以给所有这些实数都加上序号，像下面一样排列起来

$$\alpha_1 = 0.a_1^{(1)} a_2^{(1)} \cdots a_n^{(1)} \cdots$$
$$\alpha_2 = 0.a_1^{(2)} a_2^{(2)} \cdots a_n^{(2)} \cdots$$
$$\cdots \qquad \cdots \qquad \cdots$$
$$\alpha_n = 0.a_1^{(n)} a_2^{(n)} \cdots a_n^{(n)} \cdots$$
$$\cdots \qquad \cdots \qquad \cdots$$

在这里，a 的右上角的 "(n)" 这个记号表示的是左下侧的 a 在 "α_n" 的小数展开部分出现的数。下面我们尝试一下下列操作。首先，如果 $a_1^{(1)}$ 是偶数（包括 0），那么令 $a_1 = 1$；如果是奇数，那么令 $a_1 = 2$。接着，如果 $a_2^{(2)}$ 是偶数，那么令 $a_2 = 1$；如果是奇数，那么令 $a_2 = 2$。下面也采用同样的操作，一般来说，根据 $a_n^{(n)}$ 是偶数或者奇数，令 $a_n = 1$ 或者 2。那么，在这里就可以形成

$$0.a_1 a_2 \cdots a_n \cdots$$

这个小数。这个小数也的确表示的是 $0 < \alpha < 1$ 的一个实数 α。并且，因为假设的是给 $0 < x < 1$ 范围内的所有实数都分别加上了序号，所以这个 α 必然也拥有某个序号。可是，这是不可能的。其原因在于，首先 α 不可能等于 α_1。因为 α 与 α_1 在小数点后的第一位数就不同。接着，α 也不可能等于 α_2。因为 α 与 α_2 在小数点后的第二位数就不同。以下同理可得，无论是对于哪个自然数 n，α 都不可能等于 α_n。应该说，这个矛盾直截了当地证明了 $0 < x < 1$ 范围内的实数 x 的集合不是可列的。

---

① 之前也讲过，如果这样做，所有数字都可以用一种方式通过小数表示。

正如有限集中元素的个数存在各种各样的不同，康托尔在这里看出了无限集中元素也有可能同样存在各种各样的不同。于是，他以此为出发点，直接从正面开始考察"无限"。

"无限"种种

康托尔一般称集合的元素个数为集合的**"浓度"**（也称基数）。也就是说，A、B 两个集合，只有当它们之间存在一一对应的关系的时候，才具有相等的浓度。例如，有限集的浓度自然与其包含的元素个数 n 相等，以及可列集的浓度与 $\aleph_0$ 相等。

康托尔还定义了以下内容：在两个集合 A、B 中，如果取 B 中适当的一个子集 B_1，其浓度与 A 相等，但是 B 本身的浓度与 A 的不等，此时称 B 的浓度 b 比 A 的浓度 a "大"，用

$$b > a \text{ 或 } a < b$$

来表示。由此，显然可以得到

$$1 < 2 < 3 < \cdots < n < \aleph_0$$

从上面的证明出发，如果将 $0 < x < 1$ 的实数 x 的集合的浓度写作 $\aleph$，则

$$\aleph_0 < \aleph$$

的确成立。

无限集的浓度不是只有 $\aleph_0$、$\aleph$ 这两种。在这里，我们跟着康托尔，先证明取任意浓度时，都存在比该浓度更大的浓度。也就是说，证明了这一点，就可以确认无限集存在无数种不同的浓度。

那么，为了证明这一点，取任意集合 A，以它的所有子集为元素的集合为 B。也就是说 B 是"集合的集合"。下面，证明 A 的浓度为 a，B 的浓度为 b 时，$a < b$ 总是成立。

首先，我们关注 B 中存在的浓度与 A 浓度相等的一部分。也就是说，对于 A 的任意一个元素 a，仅以 a 为元素的集合 $\{a\}$ 是 B 的元素，收集所有像这样的元素，记作 B_1，让 a 与 $\{a\}$ 对应，则 A 与 B_1 之间的确是一一对应的关系。但是，A 与 B 之间绝对不可能存在一一对应的关系。如果存在，肯定会产生矛盾。

原本，在这样的对应中，与 A 的元素 a 对应的 B 的元素 α 不可能作为 A 的一部分，总是以 a 为元素包含在 A 中。其原因在于，此时，B 的 $\{a\},\{b\},\cdots$ 元素只与 $a,b,\cdots$ 对应，结果就是，像 $\{a,b\}$ 这样的元素就没有 A 中对应的元素了。因此，A 的元素中存在与之对应的 B 的元素中不包含的东西。收集这种元素，

令它的集合为β。β是A的子集，所以应该是B的一个元素。因此，A中必须拥有与之对应的元素b。那么，b属不属于β呢？

首先，b不能属于β。其原因在于，如果b属于β，b包含在与之对应的B的元素中，就没有资格属于β，产生了矛盾。

其次，b不属于β时，从β的定义中显然可以知道b拥有属于β的资格。

这就是假设A与B之间存在一一对应关系后产生的矛盾。

通过以上内容，我们知道了$a<b$。因此，任意的浓度a，都总是存在比它大的浓度b。

康托尔大致就是像这样大胆推进并一举得出了关于无限的概念。之前也详细说过，古希腊时期被大家有意识地排除的无限概念，到了近代被人们主动地掌握，并且形成了"极限"的概念。然而，在这里出现的无限是通过无限变大的有限得以得到的，也就是过程上的无限——"假的无限"。与此相对，康托尔理解并且操作的无限，正是无限本身，可以说是俯瞰全貌式的真正的无限。也正因为如此，康托尔不称自己考察的对象为"**无限**"（infinite），而是称为"**超穷**"（transfinite）。

上述内容主要是关于从元素的个数——"**浓度**"的概念到无限的扩张的。除此之外，康托尔详细地论述了表示序列的数，也就是所谓的"**序数**"的概念到无限的扩张。

他说："数学的本质正在于它的自由。"他认为，数学可以以一切能够思考的东西为对象，只是它的基本规则不包含矛盾，以及必须尽量保存和包含既定的事项。基于这一立场，他认为"无限"是可以计数的，因此也创造了"浓度"这个新的概念。

他的立场与后来的希尔伯特的形式主义有相通的部分，但是不幸的是，他创建的这个理论从头到尾都存在着破绽。关于这一点，下文中会说到。

第九章

数学的基础奠定——集合论的漏洞与
证明论的诞生

体会实数的构造方式

在上文中，我们已经事先明确了希尔伯特创建的公理体系的无矛盾性可以归结为实数概念的无矛盾性。在第八章的一开始，我们以有理数为基础，成功构造了实数，所以现在我们可以用明确的形式处理"实数概念是否存在矛盾"这个问题。并且，只有在这个问题得到解决之时，我们研究的数学才会变成"形式主义性质上"完备的学科。下面，我们在这样的目标之下，对实数的构造方式重新进行更加细致的审视。

所谓"实数"，就是指"有理数的分割"。因此，在这里只要我们知道从有理数固有的四则运算、大小顺序关系，以及定义有理数的分割，并推导出关于它的基本性质的操作这两个综合的概念出发不会产生矛盾，就可以确认实数概念本身不存在矛盾。

仔细思考后我们会发现，第二个概念，即定义实数，以及规定四则运算、大小关系等，还有证明实数的连续性的方法，这三者已经属于与集合相关的讨论了。所谓"分割"，原本指的就是有理数的两个集合 A_1、A_2 的分组 $(A_1|A_2)$。另外，两个实数

$$\alpha = (A_1|A_2)、\ \beta = (B_1|B_2)$$

的大小关系 $\alpha < \beta$ 被归结为集合 A_1、B_1 的包含关系：

$$A_1 \subseteq B_1$$

思考它们的和 $\alpha + \beta$ 就相当于从 A_1 中取 x，B_1 中取 y，形成 $x+y$，收集所有的 $x+y$ 构成集合 C_1。

为了实现我们的目的，只需要研究在原本的有理数的基础之上，也就是在第一个概念的基础之上，再加上允许类似于这样的关于集合的若干操作的条款之后形成的更加广泛的概念中是否存在矛盾即可。

有理数可以通过整数的以下操作构成，这和"实数是从有理数出发形成的"是同一个思想圈内的产物。

因为所有的有理数原本都是分数：

$$\frac{m}{n}(n > 0)$$

所以可以将其考虑为"整数的商"。也就是说，如果存在两个整数，就可以确定一个有理数。因此，我们可以知道，如果定义两个整数对 (m,n) 之间适当的四则运算与大小关系，就可以构成有理数。下面的讨论就是基于这个想法进行的。

现在，令全体整数的集合为 **Z**。考虑 **Z** 的元素对 (m,n) 中，所有 n 为整数且 $n > 0$ 的元素对，用下列方式定义它们之间的相等、四则运算和大小关系。

（1）$(m,n) = (m',n')$ 意味着 $mn' = m'n$。

（2）$(m,n) + (m',n') = (mn' + m'n, nn')$。

（3）$(m,n)(m',n') = (mm', nn')$。

（4）$(m,n) > (m',n')$ 意味着 $mn' > m'n$。

实际上，全体这样的元素对形成了有理数。下面我们稍做确认，全体这样的元素对的集合写作 **Q**。

首先，如果思考全体 $(m,1)$ 形式的对，我们可以从定义中立即得到以下关系。

（1）$(m,1) = (n,1)$ 意味着 $m = n$。

（2）$(m,1) + (n,1) = (m+n,1)$。

（3） $(m,1)(n,1) = (mn,1)$ 。

（4） $(m,1) > (n,1)$ 意味着 $m > n$ 。

也就是说，我们可以确认，对 $(m,1)$ 这种形式的对来说，进行加、乘、比较时，忽视 $(,1)$ ，只要关注整数 m ，对 m 进行加、乘、比较就足够了。因此，根据这个结论，我们可以将整数 m 与 $(m,1)$ 这种形式的对完全看作同一回事，将 $(m,1)$ 仅仅写成 m ，就可以将各个整数看作包含在 $\mathbf{Q}$ 中的元素：$\mathbf{Z} \subseteq \mathbf{Q}$ 。

接下来，确认 $\mathbf{Q}$ 可以形成域。

1．加法运算

（1） $(a+b)+c = a+(b+c)$ 。

$$((m,n)+(m',n'))+(m'',n'')$$
$$=(mn'+m'n,nn')+(m'',n'')$$
$$=(mn'n''+m'nn''+m''nn',nn'n'')$$

$$(m,n)+((m',n')+(m'',n''))$$
$$=(m,n)+(m'n''+m''n',n'n'')$$
$$=(mn'n''+m'nn''+m''nn',nn'n'')$$

因此，

$$((m,n)+(m',n'))+(m'',n'') = (m,n)+((m',n')+(m'',n''))$$

（2）存在 θ ，使得对于所有的 a 都满足 $a+\theta = \theta+a = a$ 。

关于这一点，将 $(0,1)=0$ 代入 θ ，即

$$(m,n)+0 = (m,n)+(0,1) = (m,n)$$
$$=(0,1)+(m,n) = 0+(m,n)$$

根据以下内容可以知道，这样的 θ 只有一个。假设满足该条件的 θ 还有另一个，将其记作 θ' ，则

$$\theta' = \theta'+\theta = \theta$$

（3）对各个 a ，存在满足 $a+a' = \theta = a'+a$ 的 a' 。关于这一点，对 (m,n) 来说，用 $(-m,n)$ 代替 a' ，即

$$(m,n)+(-m,n) = (0,nn) = (0,1) = 0$$
$$=(-m,n)+(m,n)$$

很容易就可以知道，这样的 a' 只有一个。

（4） $a+b = b+a$ 。

$$(m,n)+(m',n') = (mn'+m'n,nn')$$
$$=(m',n')+(m,n)$$

2．乘法运算

（1）$(ab)c = a(bc)$。

$$((m,n)(m',n'))(m'',n'') = (mm',nn')(m'',n'') = (mm'm'',nn'n'')$$
$$= (m,n)(m'm'',n'n'') = (m,n)((m',n')(m'',n''))$$

（2）对于所有的 a，存在满足 $a\varepsilon = \varepsilon a = a$ 的 ε。

关于这一点，将$(1,1)=1$ 代入ε，即

$$(m,n)1 = (m,n)(1,1) = (m,n)$$
$$= (1,1)(m,n) = 1(m,n)$$

和θ的情况一样，很容易就可以知道，这样的ε只有一个。

（3）如果$a \neq \theta$，那么存在满足 $aa'' = a''a = \varepsilon$ 的 a''。

当 $a = (m,n)$，在 $m > 0$ 与 $m < 0$ 时，分别将(n,m)、$(-n,-m)$ 代入a''，即

$$(m,n)(n,m) = (mn,mn) = (1,1) = 1 \quad （m > 0）$$
$$(m,n)(-n,-m) = (-mn,-mn) = (1,1) = 1 \quad （m < 0）$$

也很容易就可以知道，这样的a''只有一个。

（4）$ab = ba$。

$$(m,n)(m',n') = (mm',nn') = (m',n')(m,n)$$

3．混合运算

$a(b+c) = ab + ac$。

$$(m,n)((m',n') + (m'',n''))$$
$$= (m,n)(m'n'' + m''n',n'n'')$$
$$= (mm'n'' + mm''n',nn'n'')$$
$$= (mm'n'',nn'n'') + (mm''n',nn'n'')$$
$$= (mm',nn') + (mm'',nn'')$$
$$= (m,n)(m',n') + (m,n)(m'',n'')$$

那么，上述乘法运算的（3）中的a''正好相当于$\dfrac{1}{a}$，所以下面将 ab'' 形式的东西，全都记作$\dfrac{a}{b}$，那么，任意的元素对(m,n)可以写作

$$(m,n) = (m,1)(1,n) = (m,1)(n,1)'' = \frac{(m,1)}{(n,1)} = \frac{m}{n}$$

的形式。现在，如果将上面的四则运算、大小顺序、相等的定义"翻译"成这

个"分数"的形式，则为以下内容。

（1′）$\dfrac{m}{n} = \dfrac{m'}{n'}$ 意味着 $mn' = m'n$ 。

（2′）$\dfrac{m}{n} + \dfrac{m'}{n'} = \dfrac{mn' + m'n}{nn'}$ 。

（3′）$\dfrac{m}{n} \cdot \dfrac{m'}{n'} = \dfrac{mm'}{nn'}$ 。

（4′）$\dfrac{m}{n} > \dfrac{m'}{n'}$ 意味着 $mn' > m'n$ 。

在这里我们可以确认，有理数正是由整数构成的。

整数可以表示为两个自然数的差，即 $a - b$ 。例如，
$$-5 = 1 - 6, \ 3 = 4 - 1, \ 0 = 5 - 5$$

因此，可以认为，在两个自然数对 (a, b) 之间，如果适当地定义大小顺序或者加法、乘法等运算法则，应该就可以形成整数。下面，遵循这个方针，尝试构造整数。

首先，像上文中那样，考虑所有自然数对 (a, b) ，像下面这样在它们之间定义相等、加法、减法、乘法和大小顺序。

（1）$(a, b) = (c, d)$ 意味着 $a + d = b + c$ 。

（2）$(a, b) + (c, d) = (a + c, b + d)$ 。

（3）$(a, b) - (c, d) = (a + d, b + c)$ 。

（4）$(a, b)(c, d) = (ac + bd, bc + ad)$ 。

（5）$(a, b) > (c, d)$ 意味着 $a + d > b + c$ 。

此时，我们可以确认，所有 $(1 + a, 1)$ 这种形式的自然数对都与自然数拥有完全相同的性质。

（1）$(1 + a, 1) = (1 + b, 1)$ 意味着 $a = b$ 。

（2）$(1 + a, 1) + (1 + b, 1) = (2 + a + b, 2) = (1 + a + b, 1)$ 。

（3）$(1 + a, 1) - (1 + b, 1) = (2 + a, 2 + b) = (1 + a - b, 1)$ 。

（4）$(1 + a, 1)(1 + b, 1) = (2 + a + b + ab, 2 + a + b) = (1 + ab, 1)$ 。

（5）$(1 + a, 1) > (1 + b, 1)$ 意味着 $a > b$ 。

因此，在这里允许无视"$(1 + \ , 1)$"，将 $(1 + a, 1)$ 仅仅写作 a 。

另外，我们可以非常容易确认，对于全体上文中这样的自然数对，加、减、乘这三则运算就像通常那样可以完全自由地进行。为了证明这一点，只需要研究域的公理体系中，主张 a'' 存在的公理以外的所有公理即可，这里为了避免烦

琐而省略证明过程。

任意的自然数对 (a,b) 具有

$$(a,b) = (a+2,b+2) = (a+1,1) - (b+1,1) = a-b$$

这样的形式。并且，上文中提到的相等和加、减、乘三则运算等定义，如果"翻译"成这种差的形式，则内容如下。

（1′） $a-b=c-d$ 意味着 $a+d=b+c$。

（2′） $(a-b)+(c-d) = (a+c)-(b+d)$。

（3′） $(a-b)-(c-d) = (a+d)-(b+c)$。

（4′） $(a-b)(c-d) = (ac+bd)-(bc+ad)$。

（5′） $a-b>c-d$ 意味着 $a+d>b+c$。

因此，在这里所有的整数确实都能够以 "自然数的差"的形式构成。

综合前文的结果，我们可以像下面这样说。

首先，所谓"有理数"，就是整数对 (m,n)。并且，整数是自然数对 (a,b)。因此,有理数这个概念是由自然数的概念以及构造这样的"对",并允许关于"对"进行推论的若干个法则所构成的。结果就是，这里所说的"对"的本质，必然会引人注目。

但是，如果仔细反思"对"这个概念，就会发现这里隐藏着一个意料之外的问题，即如果被人问到" α 与 β 的对 (α,β) "是什么，大家会发现，如果仅仅回答"排列出 α 与 β 的东西"，就没有明确指出" α 在前 β 在后"，非常具有模糊性。与此相对，现如今流行的是将"对"作为一个集合进行强制定义，即规定对 (α,β) 意味着

$$\{\{\alpha\},\{\alpha,\beta\}\}$$

这样的集合。更详细一些说，就是"对"最基本的性质是从

$$(\alpha,\beta) = (\gamma,\delta)$$

中可以推导出 $\alpha=\gamma$、$\beta=\delta$。实际上，我们可以通过上文中的定义，非常容易得到它的证明。接下来，我们一起看一下证明过程。

（1） $\alpha=\beta$ 的情况。因为 $\{\alpha,\beta\}=\{\alpha,\alpha\}=\{\alpha\}$，所以 (α,β) 仅包含 $\{\alpha\}$ 这一个元素，同理 (γ,δ) 也一样。因此，$\{\gamma\}=\{\gamma,\delta\}$。由此可得，$\gamma=\delta$。所以，

$$\{\{\alpha\}\} = \{\{\alpha\},\{\alpha,\beta\}\} = \{\{\gamma\},\{\gamma,\delta\}\} = \{\{\gamma\}\}$$

故 $\{\alpha\}=\{\gamma\}$，即 $\alpha=\gamma$。这样，就得到了 $\alpha=\gamma$、$\beta=\delta$。

（2） $\alpha \neq \beta$ 的情况。因为 $\{\alpha\} \neq \{\alpha,\beta\}$，所以 (α,β) 包含两个不同的元素。因此，(γ,δ) 也必须一样包含两个不同的元素。这就意味着，$\{\gamma\} \neq \{\gamma,\delta\}$，即

$\gamma \neq \delta$。接下来，根据 $(\alpha, \beta) = (\gamma, \delta)$，可以知道 $\{\alpha\}$ 与 $\{\gamma\}$、$\{\gamma, \delta\}$ 之中的某一个相等。又因为 $\{\alpha\}$ 由一个元素构成，$\{\gamma, \delta\}$ 由两个元素构成，所以 $\{\alpha\} \neq \{\gamma, \delta\}$。由此可得，$\{\alpha\} = \{\gamma\}$，即 $\alpha = \gamma$。同理，根据 $(\alpha, \beta) = (\gamma, \delta)$ 可得 $\{\alpha, \beta\} = \{\gamma, \delta\}$，即 $\{\alpha, \beta\} = \{\alpha, \delta\}$。由此可得，$\beta = \delta$。这样，通过 $(\alpha, \beta) = (\gamma, \delta)$，我们就知道了 $\alpha = \gamma$、$\beta = \delta$。

当然，对于"对"的理解方式，除了以上讲述的库拉托夫斯基对（又称序偶或有序对）之外，并非没有其他方式。但是，这里为了简便，采用了这样的方式。

话说回来，既然"对"就是这样的集合，那么有理数的概念就可以视为由自然数本来的概念和允许关于集合的推论的若干规则组合而成。

我们已经确认了，实数是由有理数原本的概念，加上允许关于集合推论的若干规则构造而成的。因此，为了证明"实数的概念的无矛盾性"，我们只需要确认，综合了自然数原本的概念和允许关于集合的推论的若干规则这两点的东西是没有矛盾的即可。

自然数原本的概念被整理成下面的公理体系的形式。这是在佩亚诺（1858—1932）的研究基础上又进行了少许修正后形成的，其中未经定义的基本术语有"自然数""1""和""积"这 4 个。

（1）1 是自然数。

（2）如果 x、y 是自然数，那么它们的和 $x + y$ 也是自然数。

（3）满足 $x + 1 = 1$ 的自然数 x 不存在。

（4）$x + y = y + x$。

（5）$(x + y) + z = x + (y + z)$。

（6）如果 $x + z = y + z$，那么 $x = y$。

（7）如果 x、y 是自然数，那么它们的积 xy 也是自然数。

（8）$1x = x$。

（9）$(y + 1)x = yx + x$。

（10）$xy = yx$。

（11）$(xy)z = x(yz)$。

（12）令全体自然数的集合为 $\mathbf{N}$，此时如果让它的一部分 M 满足 M 包含 1，以及如果 M 包含 x，那么也包含 $x + 1$，则 $M = \mathbf{N}$。

通过以上内容我们可以知道，要证明实数概念的无矛盾性，只需要证明由这 12 个公理，以及与集合相关的若干个公理构成的更加广泛的公理体系的无矛盾性即可。

当然，自然数的公理体系中出现的"和"（如 $x+y$）、"积"（如 xy）等概念，实际上也可以看作对于 (x,y) 这个对，让一个自然数与之对应的规则，即自然数之间若是加法，那么加法就被规定，也就是说，对于任意一个自然数对 (x,y)，究竟怎样的自然数作为它们的和被与它们对应的这个规则指定下来。那么，如果事先给出了使用各个对 (x,y) 和想要让每一个对与之对应的自然数 z 这两个元素形成的

$$((x,y),z)$$

"对"，是不是可以认为，这就意味着加法得到了确定呢？

从这样的观点来看，上面的 12 个公理已经被使用了，所以可以感觉到该处还存在有待整理的地方。当然，对于"对""和""积"等概念，如果采用其他的观点，与之相对，也会有别的整理方式，这一点自不待言。总之，通过以上内容，我们知道了实数的概念最终可以归结于何处。

前文讲的自然数公理体系中的公理（12），在这里有一句话需要交代，那就是，习惯上一般称它为"数学归纳法"。

一般来说，对于任意的自然数 n，思考

$$n^2+1、n$$

时，只要稍微尝试完成两三个示例就会知道，

$$n^2+1>n$$

总是成立的。严密的证明方式如下。

首先，无论 n 多大，总是满足

$$n \geqslant 1$$

在不等式的两边同时乘 n，可以得到

$$n^2 \geqslant n$$

因此，

$$n^2+1>n$$

此时不妨分成以下几个部分，分别进行思考。

（1）如果 n 为 1，那么因为 $n^2+1=2$，所以

$$n^2+1=2>1$$

因此，此时上面的不等式是成立的。

（2）现在，假设某个关于 m 的不等式正确：

$$m^2+1>m$$

那么，对不等式两边同时加上 $2m$，有

$$m^2 + 2m + 1 > m + 2m$$
$$(m+1)^2 > m + 2m \geqslant m + 2 > m + 1$$

因此

$$(m+1)^2 + 1 > m + 1$$

由此可知，关于 $m+1$ 上述不等式也是正确的。

（3）取任意一个自然数 x。根据（1）可以知道，问题中的不等式在 n 为 1 的时候是成立的。根据（2）可以知道，n 为 $1+1=2$ 时也是成立的。因此，n 为 $2+1=3$ 时也是成立的。只要反复进行同样的操作，最终可以知道 n 为 x 的时候也是成立的。

与最初给出的证明相比，这个证明确实比较长，但是仔细观察我们会发现，这个证明用到的方法非常巧妙。并且，我们可以预料到，利用这个方法，可以证明各种各样的事情。事实上，这样的证明方法被称为 **"数学归纳法"**，从 17 世纪左右开始，人们就逐渐开始有效地使用这个方法了。可以说，数学归纳法最终清晰地揭示了，上述推论方法的成立是自然数的基本特征。

如果以这个公理为基础，上面的证明过程可以改写成像下面这样方便阅读的样子。

如果让不等式 $n^2 + 1 > n$ 成立的自然数的集合为 M，则根据（1）知道它包含 1，根据（2）知道它包含某个 m，所以也包含 $m+1$。因此，使用该公理可得

$$M = \mathbf{N}$$

这也就意味着，$\mathbf{N}$ 中的所有元素，即所有的自然数都使得 $n^2 + 1 > n$ 成立。

罗素悖论

为了实现"实数概念的无矛盾性证明"这个目标，至今为止我们进行了很多分析。在这里，可能有人会觉得这种事情不过是数学家茶余饭后的消遣罢了。然而，实数概念是否具有无矛盾性其实是数学领域中最重要的问题之一。说得夸张一些，这个问题关乎数学的"生死存亡"。为了更简单、方便地说明这一点，下面对历史上发现的"集合论的矛盾"稍加介绍。

首先，的确存在元素包含自身的集合，例如，"以一切集合为元素的集合"。思考一下这样的集合：所有被称为"集合"的东西都是集合的元素，并且，所有不是集合的元素都不属于它。这样的集合的确是存在的。现在，令这个集合为 M，则因为 M 本身是一个集合，M 又是所有集合的集合，所以，M 必须包含自身。

在这里，排除像上面那样的包含自身的集合，收集全体"不包含自身的集合"并令其为 N。那么，N 是包含自身的集合呢？还是不包含自身的集合呢？

首先，N 不能包含自身。其原因在于，如果 N 包含自身，因为 N 既然是"所有不包含自身的集合"，N 就不可能包含自身。

然而，N 又不能不将其自身作为元素包含在 N 中。其原因在于，如果 N 不包含自身，从 N 的形成方式显然可以知道 N 不是 N 的元素。这就产生了矛盾。这个悖论到底在哪里出错了呢？

实际上，这是留存至今的一个大难题。因为这是由罗素（1872—1970）发现的，所以这个悖论被冠以他的姓氏，称为"罗素悖论"。正是这个悖论真实地显示了"集合"这个概念的使用略显自由而包含矛盾。并且，被人们发现的悖论还不止这一例。也就是说，除此之外，各路人马都从集合这个概念出发，推导出来各式各样的悖论。

在前文我们已经证明了实数的概念是由自然数的概念，加上允许关于集合推论的若干规则构成的。实数论和微积分虽然都与集合有关，但是它们不需要像上面那样类型的推理。然而，矛盾实际上是可能发生的。仅凭这些大家应该也可以知道，对无矛盾性的讨论具有不可忽视的重要性。

上述悖论对数学的基础造成了巨大冲击。正如上文中说过的那样，本质性的困难可以说直到今日依旧未能得到解决。但是，数学家们经过努力，创造了一些可以让人们相信大概是具有无矛盾性的集合论的公理体系。但是，这些体系毫无任何理由地对集合进行了严格的限制，例如事先禁止思考"以所有集合为元素的集合"这样的内容。

为什么不可以思考这样的集合呢？如果回答仅仅是因为这样思考就会产生矛盾，那么完全于事无补。最终，康托尔的"自由数学"像这样连什么特定的理由都没有，逐渐黯然失色。

如何证明无矛盾性

自然数的公理体系，以及在它的基础之上新增了与集合相关联的若干个公理之后形成的体系的无矛盾性，到底怎样证明才行呢？下面，我们对这个问题提出一些看法。

说实在的，非常遗憾，它的无矛盾性至今尚未得到完全证明。当然，关于原本的自然数公理体系的无矛盾性证明已经硕果累累，只要不是吹毛求疵，基本上可以断言我们已经知道了它是无矛盾的，但是在自然数的公理体系之后的那些证明，可以说是一波三折、充满崎岖的，只要一提到实数概念的无矛盾性证明，现状基本就是一筹莫展、前途未卜。在这里，与其解释这些烦琐的情况，不如讲述如何确定无矛盾性。

首先，直面这个问题时要注意，将几何学公理体系（希尔伯特公理体系）的无矛盾性证明归结为实数概念的无矛盾性证明看似可行但是并不顺利。在这种情况下，需要通过使用实数的概念实际制作一个几何学的模型来证明几何学中没有矛盾。然而，眼下的情况是，我们根本就没有建立那样的模型应该拥有的概念。因为，"自然数""集合"等概念本来是最根本的，如果不在某种形式上预想这些概念，就无法思考其他任何东西。所以，大家应该能够明白，对于它的研究是不可以转嫁到其他地方的。因此，无论是自然数的公理体系，还是在它的基础上添加了若干个公理之后形成的体系，关于它们的无矛盾性证明，都有必要从正面解决。

那么，证明无矛盾性时的推论本身到底是不是无矛盾的呢？使用逻辑去批判逻辑本身，这难道不是本就难以允许的循环吗？

希尔伯特肩负着高举自己提出的"形式主义"旗帜的责任，他想到为了解决如何证明无矛盾性的问题，不管怎样都必须像下面一样思考。

首先，无论如何我们都必须将证明作为对象进行推论。这是形式主义的宿命。因此，我们就要通过限制，使得以证明为对象的推论尽可能变得清晰明了，以避免上述循环，除此之外别无他法。但是，如此做希望渺茫，例如，在这里数学中的证明被完全对象化，甚至仅被视为文字的罗列。另外，如果与之相关的推论是极其清晰明了的，那么避免上述循环就未必是天方夜谭。

那么，推论究竟被允许"极其清晰明了"到什么地步呢？

没有什么讨论会比关于眼前所见事物的讨论更加清晰明了，就好比棋盘上摆列得清清楚楚的象棋棋子那样一目了然。因此，应该说，如果进一步奢求的话，如果是自然数的无矛盾性证明，那么最好是能够一边用双眼观察该证明的实际样子，一边进行推论。然而，不幸的是，若在证明中使用观察的方法，坚持到最后，是不可能如愿以偿的。无矛盾性的讨论中，终究会以所有无限多的可能性证明为对象，因此诸如上面的事情，除非研究者茅塞顿开，否则几乎是不可能的。

然而，在这里好像有一个问题忘了提及：即使是看不见摸不着的东西，只要它的性质几乎和肉眼可见的东西一样，是否也一样具有极高的清晰明了程度，能够以之进行推论呢？希尔伯特从这样的想法出发，提倡发扬被称为**"有限主义"**的思想。这种思想仅承认我们从眼前可见事物的研究出发迈向抽象事物的研究时，踏出第一步后所获得的那个最基本的推论；也就是除了关于眼前可见事物的认识之外，也承认"最原始的开悟"。

那么，所谓"最原始的开悟"指的究竟是什么呢？

在所有看不见摸不着的东西中，最简单的应该是在一些意义上具有"**构造性**"的东西。在这里，具有"构造性"的东西指的就是具有"**一般构成规则**"的东西。例如，我们观念之中存在的叫作"自然数"的东西就是具有构造性的东西。也就是说，我们观念之中的自然数，可以认为是通过以下操作形成的。

（1）构造"1"这个东西。

（2）构造"1"的"下一个东西""2"。

（3）依此类推，将这样出现的东西命名为自然数。

根据操作（1）和操作（3）可知，"1"是自然数。那么，根据操作（2）和操作（3）可知，它的"下一个东西"，也就是我们所说的"2"也是自然数。接着，它的下一个东西"3"还是自然数。下面无限地进行同样的操作，那么可以得到所有的自然数。此时，具有"原始性质"的东西就是"1"，并且形成"下一个东西"的操作就相当于"按照顺序依次创造出其他所有东西"。

对于自然数，我们能做出和对肉眼可见事物的推论一样清晰明了的判断，例如使用数学归纳法就能做到这一点。照葫芦画瓢，一般而言，对于具有构造性的东西，通过使用与数学归纳法完全相同的推论方法，我们就能确认各种各样的事实，即想要确认关于具有构造性的东西的事实时，只需进行如下操作即可。

（1）认可具有原始性质的东西。

（2）确认当某种由一般构成规则形成的东西被认可时，其后产生的一切由一般构成规则形成的东西也都被认可。

根据（1）可得，具有原始性质的东西的相关事实是正确的。那么，根据（2）可得，由具有原始性质的东西出发，所有使用一般构成规则形成的东西的相关事实也都是正确的。那么，根据（2）可以进一步知道，所有再由一般构成规则形成的东西的事实最终也都是正确的。下面也一样。并且，因为任意的东西都是从原始性质的东西出发，最终形成的眼前所见事物，所以该问题的事实对所有东西都是千真万确的。

我们称这种具有构造性的东西的推论为"**一般归纳法**"。希尔伯特认为通过这个方法确认的事实才是"最原始的开悟"，所以将仅认可这些事实的立场命名为"有限主义立场"。

这个立场虽说认可推论，但是因为它只认可从观察出发略微推广些许的东西，所以是不会产生类似于"使用逻辑批评逻辑"这样的循环的。

我们也真心地认可这个立场，在此基础上推进话题。另外，我们称站在这个立场上证明数学理论的无矛盾性的学科为**证明论**。

证明的结构

从自然数论、实数论或者某个特定的公理体系出发的数学理论中被称为"**证明**"的东西，最终有可能是一般归纳法的对象吗？换言之，数学中所说的证明，究竟是不是结构式的东西呢？实际上，经验告诉我们，数学中所有的证明都可以理解为结构式的东西。下面我们对此进行说明。

首先，数学中的证明是由语言实现的，但是语言存在很多模糊不清的地方，所以要想办法将它们用符号进行置换。然而，抱着这个目的去观察数学的体系时，人们很快就会发现下列事情。

因为数学原本就是由一定的公理体系发展而来的，所以除去"所有的""存在""不是……"之类的表述，本质上就只剩下"未经定义的基本术语"了。当然，除此之外还有很多其他表述，但是它们都被视为与将"未经定义的基本术语"和"逻辑性语言"组合而成的表述同等的东西，必须是没有经过定义的。这其实是形式主义中的一个重点（本书第六章）。

总体而言，在这里如果规定表示未经定义的术语的符号和表示实际上为数不多的逻辑性语言的符号，可以想象，数学中的证明指的就是将数量有限的这些符号连接成各种各样形式的东西，最终应该是结构式的东西。

下面我们更加具体深入地讲解一下。

首先是逻辑性语言，大家都知道这最终只有以下 5 个：

（1）……或……；

（2）……与……；

（3）非……；

（4）对于所有的 x……；

（5）存在满足……的 x。

习惯上，将以上这些逻辑性语言分别记作 $\vee$、$\wedge$、$\neg$、$\forall$、$\exists$。我们称这些符号为数理**逻辑符号**。

关于这些符号的使用方法，下面举 3 个例子：

$$(1 = 2) \vee \{\neg(1 = 2)\}$$

表示 $1 = 2$ 或非 $1 = 2$。

$$\forall x(1 = x)$$

表示对于所有的 x 都满足 $1 = x$ 。

$$\exists x\{\neg((2 = x)\}$$

表示存在非 $2 = x$ 的 x 。

逻辑性语言除了这些还有一个，就是

"如果 A 那么 B"

在这个命题中可以看到"如果……那么……"。因为它可以通过适当组合以上提出的内容来表示，所以不需要使用特殊的符号。因为这一点与现代数学中最重要的习惯之一相关，所以借此机会稍加说明。

自古以来，"如果 A 那么 B"这个命题中，当 A 是假的时，命题本身就被认为是没有意义的，正如"如果我有翅膀，那么我就可以飞到你身边"这个例子一样。这样的命题因为前提不是真实的，所以当然是所谓的"假想的"命题，认为它没有意义是出于常识。但是如果重新仔细思考，会发现这样处理并非万全之策。比如下一个瞬间我长出了翅膀，但有可能我不飞过去，在这种情况下，说"我虽然没有翅膀，但是如果有了就飞过去"这件事本身也是完全被允许的。如果前提已经是假的，那么意味着结论当然不可能成立，但是并不应该庆幸结论不成立而为所欲为地随意主张。这个命题的核心原本就不在于 A 或 B 的真假，而在于"如果 A 那么 B"的这种 A 与 B 之间的关系。应该说，这种关系本身即使是在前提为假的情况下也是相当有意义的。

依据以上内容，现如今的数学为了方便，规定在"如果 A 那么 B"这个命题中，当 A 为假时，不管 B 是否为真，这个命题本身都是"真命题"。但是，当 A 为真时，如果 B 不为真，那么该命题自然不会被称为真命题。换言之，"如果 A 那么 B"这个命题可以理解为"非 A 或（只要是 A 那么就）是 B"，这的确可以表示为

$$(\neg A) \vee B$$

因此，"如果……那么……"就不需要有专门的符号[①]。

在明白了以上内容的基础上，我们着手研究将数学中的证明理解为结构式的东西。数学中的理论全都是从一定的公理体系出发得到的，而若是举一个以复杂的公理体系为基础的理论作为例子的话可能不方便大家理解，并且，无论选择以哪个公理体系为基础的理论，情况都是完全相同的，所以在这里，我们选择一个之前提到过的以一个简单的公理体系为基础的理论作为例子来继续我们的话题。

---

① 虽然不需要有专门的符号，但并不意味着没有符号。例如，$A \supset B$ 表示"如果 A 那么 B"。

（1）点与其自身相等。

（2）如果点 a 与点 b 相等，那么点 b 也等于点 a。

（3）如果点 a 与点 b 相等，点 b 与点 c 相等，那么点 a 与点 c 相等。

首先，规定"点"一般用 $a,b,c,\cdots,x,y,z,\cdots$ 等来表示；事先规定 x、y、z 等只能在与符号 $\forall$、$\exists$ 相关联时才能够使用；并且，规定点 a 与点 b"相等"用 $a=b$ 来表示。

从这个公理体系出发进行推导，会产生各种各样的"**命题**"，例如，构成上述公理体系的 3 个公理就是命题。并且，"对于所有的 x，要么 x 与 a 相等，要么 x 与 a 不相等"等句子也是数学中的命题。如果用符号书写，命题则为以下内容。

$$\forall x(x=x)$$

"对于所有的 x，x 等于 x 本身[公理（1）]。"

$$\forall x(\forall y[\{\neg(x=y)\}\vee(y=x)])$$

"对于所有的 x、所有的 y，如果 x 与 y 相等，那么 y 与 x 相等[公理（2）]。"

$$\forall x(\forall y(\forall z([\neg\{(x=y)\wedge(y=z)\}]\vee(x=z))))$$

"对于所有的 x、所有的 y、所有的 z，如果 x 与 y 相等、y 与 z 相等，那么 x 与 z 相等①[公理（3）]。"

$$\forall x[(x=a)\vee\{\neg(x=a)\}]$$

"对于所有的 x，x 要么与 a 相等，要么与 a 不相等。"

仔细观察这些形式，可以轻易发现，命题可以理解为像下面这样的"**结构式**"。

（1）$a=b$ 这种形式的东西是命题。

（2）下面分两种情况讨论。

① 如果 A、B 是命题，那么

$$(A)\vee(B)、(A)\wedge(B)、\neg(A)$$

也是命题。例如，如果 A、B 分别是 $a=b$、$b=c$ 这两个命题，那么 $(A)\vee(B)$、$(A)\wedge(B)$、$\neg(A)$ 分别是

$$(a=b)\vee(b=c)、(a=b)\wedge(b=c)、\neg(a=b)$$

这几个命题。

② 假设命题 A 中出现了 a 这个符号。为了方便，将这个情况记作 $A(a)$。此时，将这个 a 用 A 中不存在的 x 这样的符号替代，形成 $A(x)$，将它用括号括起来，并且在它的前面加上 $\forall x$ 或 $\exists x$ 后形成的

① 这就是之前提到过的"如果……那么……"。

$$\forall x(A(x)) \text{、} \exists x(A(x))$$

也依旧是命题。例如 $a = b$ 这个命题因为包含 a，所以可以写成 $A(a)$。因此，将 a 替换为 x，形成 $x = b$，将它用括号括起来，并且在它的前面加上 $\forall x$ 或 $\exists x$ 后形成的

$$\forall x(x = b) \text{、} \exists x(x = b)$$

也是命题。

（3）只有通过以上方式得到的才是命题。

当然，像这样构成的命题中，既存在读起来没有意义的，也存在不正确的。然而这些对于它们作为命题的资格都丝毫没有影响。

在讲完命题之后，我们定义一下"**相继式演算**"（又称矢列演算）。

一般来说，当 $A_1, A_2, \cdots, A_m, B_1, B_2, \cdots, B_n$ 是命题时，将它们排列成

$$A_1, A_2, \cdots, A_m \rightarrow B_1, B_2, \cdots, B_n$$

的形式，这种形式被称为"相继式演算"。它表示"从 $A_1, A_2, \cdots, A_m$ 这个假说出发，至少会在 $B_1, B_2, \cdots, B_n$ 中出现一个作为结论"。例如，在数学中，公理体系中的那 3 个命题分别为 A_1、A_2、A_3 时，从 $A_1, A_2, A_3, a = b, b = c, c = d$ 这个假说出发，得到 $a = d$ 这个结论，这种情况被表示为

$$A_1, A_2, A_3, a = b, b = c, c = d \rightarrow a = d$$

的相继式演算。我们可以轻而易举地知道，一般来说，所有被称为"定理"的东西，都应该可以像这样被"翻译"成相继式演算。

此时，允许没有 A、B，即 m、n 为 0 的情况，例如

$$\rightarrow B_1, B_2, \cdots, B_n$$

$$A_1, A_2, \cdots, A_m \rightarrow$$

$$\rightarrow$$

等形式的东西也算"相继式演算"，分别读作"无条件得到 $B_1, B_2, \cdots, B_n$ 中至少一个成立""$A_1, A_2, \cdots, A_m$ 这个假说是矛盾的""是矛盾"。关于第二和第三个读法的由来，后续会进行说明。

毫无疑问，"**证明**"一般来说是由若干个"**推论**"叠加构成的。并且，正如我们可以轻易观察到的那样，所有推论都表现为使用了若干个相继式演算，而用 $S_1, S_2, \cdots, S_n$ 推论出 S 的这种形式。下面，我们将上述形式用

$$\frac{S_1, S_2, \cdots, S_n}{S}$$

表示。

推论中既有正确的，也有错误的。但是，在数学中，错误的推论是绝对不被允许使用的，只有叠加正确的推论才可以得到证明。因此，为了正确理解什么是证明，首先有必要在这里一一列举所有正确的推论形式。

这么一说可能听起来很难实际操作，但是实际上并不怎么困难。经验告诉我们，正确的推论形式总共只有以下列举出来的这些。虽然还有各种各样其他的推论形式，但是经证明，它们都可以用这些形式适当组合之后表示。下面列举的每个推论形式上方的词语为该形式的名称，括号内为数理逻辑符号的名称。A、B 依旧表示命题，而希腊字母 Γ、Θ、Λ 等为表示若干个命题（或者一个命题都没有也没关系）排列在那里的符号。

右⊃（实质蕴涵）

$$\frac{A,\Gamma \to \Theta, B}{\Gamma \to \Theta, (A) \supset (B)}$$

左⊃（实质蕴涵）

$$\frac{\Gamma \to \Theta, A \quad B, \Gamma \to \Theta}{(A) \supset (B), \Gamma \to \Theta}$$

右∧（逻辑合取）

$$\frac{\Gamma \to \Theta, A \quad \Gamma \to \Theta, B}{\Gamma \to \Theta, (A) \wedge (B)}$$

左∧（逻辑合取）1

$$\frac{A, \Gamma \to \Theta}{(A) \wedge (B), \Gamma \to \Theta}$$

右∨（逻辑析取）1

$$\frac{\Gamma \to \Theta, A}{\Gamma \to \Theta, (A) \vee (B)}$$

左∧（逻辑合取）2

$$\frac{B, \Gamma \to \Theta}{(A) \wedge (B), \Gamma \to \Theta}$$

右∨（逻辑析取）2

$$\frac{\Gamma \to \Theta, B}{\Gamma \to \Theta, (A) \vee (B)}$$

左∨（逻辑析取）

$$\frac{A, \Gamma \to \Theta \quad B, \Gamma \to \Theta}{(A) \vee (B), \Gamma \to \Theta}$$

右¬（逻辑否定）

$$\frac{A, \Gamma \to \Theta}{\Gamma \to \Theta, \neg(A)}$$

左¬（逻辑否定）

$$\frac{\Gamma \to \Theta, A}{\neg(A), \Gamma \to \Theta}$$

右∀（全称量词）

$$\frac{\Gamma \to \Theta, A(a)}{\Gamma \to \Theta, \forall x(A(x))}$$

左∀（全称量词）

$$\frac{A(a), \Gamma \to \Theta}{\forall x(A(x)), \Gamma \to \Theta}$$

（假设下面的相继式演算中不包含 a）

右∃（存在量词）

$$\frac{\Gamma \to \Theta, A(a)}{\Gamma \to \Theta, \exists x(A(x))}$$

左∃（存在量词）

$$\frac{A(a), \Gamma \to \Theta}{\exists x(A(x)), \Gamma \to \Theta}$$

（假设下面的相继式演算中不包含 a）

右增加

$$\frac{\Gamma \to \Theta}{\Gamma \to \Theta, A}$$

左增加

$$\frac{\Gamma \to \Theta}{A, \Gamma \to \Theta}$$

右减少

$$\frac{\Gamma \to \Theta, A, A}{\Gamma \to \Theta, A}$$

左减少

$$\frac{A, A, \Gamma \to \Theta}{A, \Gamma \to \Theta}$$

右互换

$$\frac{\Gamma \to \Lambda, A, B, \Theta}{\Gamma \to \Lambda, B, A, \Theta}$$

左互换

$$\frac{\Gamma, A, B, \Lambda \to \Theta}{\Gamma, B, A, \Lambda \to \Theta}$$

三段论法

$$\frac{\Delta \to \Lambda, A \quad A, \Gamma \to \Theta}{\Delta, \Gamma \to \Lambda, \Theta}$$

按照顺序一个一个看下去，一般来说不难认可这些全都表示正确的推论形式。举个例子，"左 $\forall$" 从 $A(a)$ 和 Γ 这两个假说出发，如果最终得到 Θ 这个结论，那么从"对于所有的 x，即 $A(x)$"和 Γ 这个假说出发，得到 Θ 完全是理所当然的。

至此，准备工作已经全部完毕，下面可以开始对"**证明**"进行讨论。

所谓"证明"，原本指的就是将预先不知道真伪的相继式演算——定理，通过累计正确的推论推导出来的一种操作。而"推论"指的是从已经推导出来的相继式演算出发，再推导出新的相继式演算的一种操作。说得更加具体一些，"证明"就是由个数有限的相继式演算构成的一种操作，最下面的相继式演算只有一个（这是实际上应该被证明的相继式演算），并且上下相邻的各个相继式演算都符合正确的推论形式中的某一个。

然而，一般来说，只要证明必须从哪里开始这个问题在这里得不到解决，我们就不得不说上文中的理解方式依旧是不完美的，即"证明"中最开始被作为出发点的相继式演算，换言之，"最上面的相继式演算"必须是怎样的形式呢？

为了使证明确凿无疑，一般认为作为出发点的相继式演算必须是尚未实施任何操作的一目了然的东西。然而，仔细思考，这种东西就只能是

$$A \to A$$

这种形式的。

当然，我们在实际发展数学的理论时，一般来说不会追溯到这种地步。幸运的是，一般被称为正确的证明的东西，都可以改写成从作为出发点的相继式演算开始的形式。因此，今后我们只把这样的东西称为"证明"。

例如，下面就是我们所说的"证明"：

$$\frac{\begin{array}{c}\dfrac{a=b \to a=b}{(a=b)\wedge\{\neg(a=b)\}\to a=b}\\ \hline \neg(a=b),(a=b)\wedge\{\neg(a=b)\}\to\\ \hline (a=b)\wedge\{\neg(a=b)\},(a=b)\wedge\{\neg(a=b)\}\to\\ \hline (a=b)\wedge\{\neg(a=b)\}\to\\ \hline \to\neg[(a=b)\wedge\{\neg(a=b)\}]\\ \hline \to\exists y(\neg[(a=y)\wedge\{\neg(a=y)\}])\end{array}}{\to\forall x(\exists y(\neg[(x=y)\wedge\{\neg(x=y)\}]))}$$

（左合取）
（左否定）
（左合取）
（左减少）
（右否定）
（右存在）
（右合移）

在这里，横线的右侧被括号括起来的就是从该横线上面的相继式演算移动到下面的相继式演算时使用的"推论的形式"的名称。于是，位于最下面的相继式演算，即被证明的相继式演算是"对于所有的 x，存在不满足 $x=y$ 且非 $x=y$ 的 y，这件事无条件成立"。

显然，这样的证明的结构可以像下面一样理解。

（1） $A\to A$ 这种形式的相继式演算本身就是自己的证明。

（2）位于一个或者两个证明最下面的相继式演算可以符合前文中的正确推论形式中的任意一种中位于上面的相继式演算的情况下，在它的证明下面加上位于该推论形式下面的相继式演算，也是证明。

（3）只有通过以上方式得到的才是证明。

因为各种概念接连不断地出现，所以在这里简单地复习一下。

命题：类似于 $\forall x\{\neg(x=a)\}$ 的东西，用 A、B 等来表示。

相继式演算：类似于 $A_1,A_2,\cdots,A_m\to B_1,B_2,\cdots,B_n$ 的东西，用 S_1、S_2 等来表示。

推论的形式类似于

$$\frac{S_1,S_2,\cdots,S_n}{S}$$

的东西。

证明：从 $A\to A$ 这种形式的相继式演算开始，通过使用之前介绍的正确的推论形式，不断往下延伸的相继式演算的集合。

无矛盾性证明的一个例子

根据前文的内容，我们已经知道了，基于我们作为基础采用的公理体系发展而来的数学的一切理论都可以理解为结构式的。最终，我们站在有限主义的立场上，就可以体会这个理论是否会产生矛盾。

这个理论会产生矛盾就意味着，令我们的公理体系为

$$\Gamma: \quad \begin{array}{c} \forall x(x = x), \forall x(\forall y[\{\neg(x = y)\} \lor (y = x)]), \\ \forall x(\forall y(\forall z([\neg\{(x = y) \land (y = z)\}] \lor (x = z)))) \end{array}$$

时，以此为假说，作为结论会同时得到一个命题 A 和它的否命题 $\neg A$。换言之，就是

$$\Gamma \to (A) \land \{\neg(A)\}$$

这个相继式演算可以得到证明。

这件事也可以换成下面这种说法，即如果

$$\Gamma \to (A) \land \{\neg(A)\}$$

这个相继式演算可以得到证明，那么正如从

$$\begin{array}{ccc} & \dfrac{A \to A}{} & \\ & \dfrac{(A) \land \{\neg(A)\} \to A}{} & （左合取） \\ \vdots & \dfrac{\neg(A), (A) \land \{\neg(A)\} \to}{} & （左否定） \\ \downarrow & \dfrac{(A) \land \{\neg(A)\}, (A) \land \{\neg(A)\} \to}{} & （左合取） \\ \dfrac{\Gamma \to (A) \land \{\neg(A)\} \qquad\qquad (A) \land \{\neg(A)\} \to}{\Gamma \to} & & （左减少） \\ & & （三级论法） \end{array}$$

中可以看到的那样，

$$\Gamma \to$$

这个相继式演算也可以得到证明。并且，相反，如果上面这样的相继式演算可以得到证明，那么，因为

$$\begin{array}{c} \vdots \\ \downarrow \\ \dfrac{\Gamma \to}{\Gamma \to (A) \land \{\neg(A)\}} \quad （右增加） \end{array}$$

所以，$\Gamma \to (A) \land \{\neg(A)\}$ 这个相继式演算也就一定可以得到证明。由此可得，Γ 这个公理体系是否是无矛盾的，就取决于

$$\Gamma \to$$

这个相继式演算能否得到证明。并且，

$$A_1, A_2, \cdots, A_m \to$$

这个相继式演算读作"这个假说是矛盾的"，实际上是基于这样的理由。另外，

$$\to$$

这个相继式演算读作"是矛盾"的理由是，因为

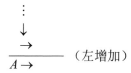

（左增加）

所以之后任何命题都将被证明是矛盾的。

总之，通过以上内容我们可以知道，要承认 Γ 是无矛盾的，只需要通过一般归纳法确认位于证明最下面的

$$\Gamma \rightarrow$$

这个相继式演算绝对不会出现即可。

我们不厌其烦地对 Γ 的无矛盾性进行确认。

首先，在任意一个证明中，按照从上到下的顺序将 $\forall x$、$\exists x$ 等符号全部去掉，并且将 $a,b,c,\cdots,x,y,z,\cdots$ 等全都用 a 置换，那么，可以形成一个全新的证明。例如，前文提到的"证明"的例子，实施以上操作后，就会变成

$$\frac{a=a \rightarrow a=a}{(a=a) \wedge \{\neg(a=a)\} \rightarrow a=a}$$
$$\frac{}{\neg(a=a),(a=a) \wedge \{\neg(a=a)\} \rightarrow}$$
$$\frac{(a=a) \wedge \{\neg(a=a)\},(a=a) \wedge \{\neg(a=a)\} \rightarrow}{(a=a) \wedge \{\neg(a=a)\} \rightarrow}$$
$$\frac{}{\rightarrow \neg[(a=a) \wedge \{\neg(a=a)\}]}$$
$$\frac{}{\rightarrow \neg[(a=a) \wedge \{\neg(a=a)\}]}$$
$$\rightarrow \neg[(a=a) \wedge \{\neg(a=a)\}]$$

果然形成了一个证明。当然，原本 $\forall x$、$\exists y$ 存在之处有时上下会重复同样的相继式演算，重复的相继式演算只需要保留一个，剩下的全都舍弃即可。

我们称这样形成的证明为原本证明的"**第二证明**"。第二证明中出现的命题显然都是将 $a=a$ 用 $\vee$、$\wedge$、$\neg$ 组合而成的。现在，利用这一点，将第二证明中出现的各相继式演算通过下列方式分别对应一个数值。

首先，从第二证明中出现的所有相继式演算

$$A_1,A_2,\cdots,A_m \rightarrow B_1,B_2,\cdots,B_n$$

出发，形成

$$[\neg\{(A_1) \wedge (A_2) \wedge \cdots \wedge (A_m)\}] \vee (B_1) \vee (B_2) \vee \cdots \vee (B_n)$$

这个命题。例如，在上面的例子中前两个式子分别可以形成

$$\{\neg(a=a)\} \vee (a=a)$$

$$(\neg[(a=a)\wedge\{\neg(a=a)\}])\vee(a=a)$$

这两个命题。此外，第二证明还规定以下内容。

（1）$\neg(1)=0$，$\neg(0)=1$。

（2）$(1)\vee(1)=1$，$(1)\vee(0)=(0)\vee(1)=(0)\vee(0)=0$。

（3）$(0)\wedge(0)=0$，$(1)\wedge(0)=(0)\wedge(1)=(1)\wedge(1)=1$。

于是，将由相继式演算形成的命题中的 $a=a$ 全都置换为 0，遵从上述规定计算得到答案。那么，第二证明的各个算式的值都对应 0 或 1。

经过证明，无论在怎样的第二证明中，相继式演算的值都分别等于 0。例如，上面的例子中，

$$\{\neg(a=a)\}\vee(a=a):\{\neg(0)\}\vee0=(1)\vee(0)=0\ ;$$

$$(\neg[(a=a)\wedge\{\neg(a=a)\}])\vee(a=a):(\neg[(0)\wedge\{\neg(0)\}])\vee(0)=(\neg[(0)\wedge(1)])\vee(0)=0$$

可以通过一般归纳法对总是等于 0 像下面这样证明。

（1）证明仅由 $A\to A$ 这一个相继式演算构成的情况。由 $A\to A$ 形成的命题为 $\{\neg(A)\}\vee(A)$。因此，计算后无论 A 的值为 0 还是 1，$A\to A$ 的值都为 $\{\neg(0)\}\vee(0)=0$ 或 $\{\neg(1)\}\vee(1)=0$，即总是等于 0。

（2）在任意一个正确的推论中，如果上面的相继式演算的值为 0，那么下面的相继式演算的值也必须为 0。例如，在 "左增加" 形式的推论

$$\frac{\varLambda\to\varTheta}{A,\varLambda\to\varTheta}$$

中，假设 $\varLambda$、$\varTheta$ 分别由一个命题构成。现在，如果上面的式子 $\varLambda\to\varTheta$ 的值为 0，那么 $\neg(\varLambda)$ 或 $\varTheta$ 的值必须为 0。然而，由下面的式子组成的命题是

$$\{\neg(A\wedge\varLambda)\}\vee(\varTheta)$$

所以，$\neg(\varLambda)$、$\varTheta$ 中任意一个为 0 时，它的值都等于 0。$\varLambda$、$\varTheta$ 即使包含更多的命题，或者推论取的是其他形式，情况也是一样的。

任意一个证明都是由 $A\to A$ 这个形式的相继式演算开始，经过正确推论的一层又一层的累积得到的。然而，根据上文中的内容，首先，我们可以知道位于最上面的相继式演算的值等于 0，位于它下面的相继式演算的值等于 0，也可以进一步知道位于它下面的相继式演算的值也等于 0。下面也都一样。最终我们可以确认，对所有的相继式演算来说，它的值均为 0。

假设现在公理体系 $\varGamma$ 包含矛盾，因此，相继式演算

$$\varGamma\to$$

可以得到证明。通过将它的证明移到第二证明，我们可以知道

$$a = a, \{\neg(a = a)\} \lor a = a,$$

$$\rightarrow$$

$$[\neg\{(a = a) \land (a = a)\}] \lor (a = a)$$

这个相继式演算就必须能够证明。然而，这个式子的值等于 1：

$$\neg\{(0) \land (\{\neg(0)\} \lor (0)) \land ([\neg\{(0) \land (0)\}] \lor (0))\} = 1$$

正如上文所述，这种事情是不可能发生的。换言之，这意味着我们的公理体系是无矛盾的。

我们作为基础采用的公理体系属于最简单的公理体系。正因为如此，无矛盾性问题的处理才可以像上文中那样易如反掌，一般来说这种事情是不会如此简单的。尽管有很多人致力于使用这个方法证明自然数论、实数论公理体系的无矛盾性，但到目前为止依旧没有完全成功。然而，相信大家通过以上内容已经领悟到，数学中的证明是充分经得起来自"有限主义立场"的研究的。实数论等理论的无矛盾性未经证明这件事的确非常令人为难，但是总之对于这个问题能够提出如此明显的方针，仅凭这一点就不得不说它具有着非凡的意义。其原因在于，希尔伯特的形式主义到了这里才首次实现了体系上的完结。

之前说过很多次，形式主义思想为现代数学界添上了浓墨重彩的一笔。但是，在这里要注意，也有人对此举起反对的旗帜，其中的代表性人物为罗素与布劳威尔。

罗素提出的"**逻辑主义**"抨击希尔伯特的理论完全抛弃了数学中的内容，将它变成了极其乏味的东西。站在罗素的立场上，我们就会认为根据佩亚诺的公理体系引入的自然数不过是没有任何内容的"词汇"，所以是欠缺作为"自然数"的资格的。逻辑主义者认为，所谓"自然数"，必须是"根据它可以计算物品"的东西。并且，布劳威尔提出的"**直觉主义**"也认为，笼统地讲，数学中所有的对象都必须是"实际上能够做出来的东西"。例如，依据这个观点，即使从"任何自然数都不包含这样那样的性质"这一点出发会产生矛盾，也不一定会得到"存在具有该性质的自然数"这一结论。其原因在于，仅凭借这一点，完全不能确定那样的自然数是否"可能被实际做出来"，即站在布劳威尔的立场上，对个数无限的对象来说，类似于"要么所有的东西都不具有某种性质，要么存在具有该性质的东西"的表述，即所谓"排中律"的应用是被禁止的。

毫无疑问，以上这些都是值得倾听的意见。那么，数学到底应该被理解成哪一种呢？这是一个难度极大的问题。

但是，形式主义的优点在于，它适用于至今为止的所有数学分支，并且能够积极地认可它们①。这么说，大家可能会觉得它要多方便有多方便，但是当我们把目光放在它高度的安定感与自然感之上时，会觉得它包含着并非偶然的东西。当然，或许这个思想并不能将历史性的数学全貌一一描绘出来。但是，它确实提供了一种极其确切地表示数学的形式。因此，它的意义好像已经不仅仅停留在只是一个"主义"上了。

---

① 直觉主义和逻辑主义则不然。

第十章

处理偶然——概率与统计

数学与科学

　　根据形式主义的观点，数学以由包含未经定义的术语的若干个命题构成的公理体系为基础，寻求从该体系出发可能演绎出来的种种命题。根据这个观点，通过选择各种各样的公理体系，我们有可能"自由地"创造出种类无穷无尽的"数学"。然后，我们会担心，随着时间的流逝，种类是不是会以迅猛之势越变越多。然而，至少就目前来看，我们看不到种类变多的显著征兆。我们发现其中有某种程度的"自我克制"在起作用。就目前而言，新产生的"数学"至少具有某些程度的客观依据。总而言之，除了主观性的东西之外，给出过去没有任何线索的命题并以之为公理体系，仅凭它的无矛盾性建设数学，这种事情是鲜有发生的。

　　将来数学走向何方无从知晓，但是至少到现在为止发展出来的数学公理体系全都是由已有的素材经"纯粹化"或"抽象化"得来的。例如，希尔伯特关于几何学的公理体系就是将欧几里得的《几何原本》纯粹化得到的，群、环、域的公理体系就是将整数、有理数、实数等性质抽象化得到的，自然数论、集合论的公理体系是基于原本就存在的自然数、集合的观念得到的。

即使是从一个公理体系出发建立数学理论，它的考察中心也是作为该公理体系基础的素材与原本具有的各类特性对应的命题。一般认为，这件事原本就没有任何对形式主义的抵触，是现代数学的显著特征。这其中存在种种原因。

首先无论如何我们都不能忘却的是，数学是一种"历史性的存在"。形式主义是 20 世纪初才开始发展起来的，而数学本身早在古希腊、古印度时期就存在了。对于历史性的数学本身而言，形式主义不过是它暂时的"外套"而已。在传承至今的数学中，存在太多传统性的问题，并且我们也难以舍弃它们，即使是基于这些问题的素材，对新的数学的创建也是不可或缺的①。

我们必须铭记，众多学者的协作确保了数学的发展。因此，我们可以认为，"独善其身"的理论不知何时就会被人遗弃，或者最终遭到彻底"改编"。

当然，也并不是说不存在与至今为止的数学没有任何关系的公理体系突然出现的事例。然而，尽管如此，并非数学中没有任何素材，只不过它们被限制在数学之外的领域中。所谓"科学"，原本是用来研究现象的。数学基于以下理念：如果关于对象的某种认识被表示为若干个命题的形式，那么从该命题出发，演绎得到的所有命题应该在对象之间得到认可。既然以若干个命题为出发点进行形式上的推论就是所谓的数学，那么科学与数学的关系就一目了然了。也就是说，数学是唯一可以作为"科学语言"的一种东西。回顾数学史，我们可以发现，古希腊的几何学发端于埃及的测量术，古代印度的代数学发端于商业算数，解析几何学起源于与宇宙论的关联。构成现代数学"主心骨"的那些数学分支，大多都是在与外界的关联中，即首先作为科学语言而产生的。

接受过适当训练的数学家一般来说都拥有对数学理论的审美眼光。不可思议的是，在取材于科学的数学中，不仅出乎意料地存在很多呼吁这种"数学审美眼光"的东西，而且有很多东西正好被已存在的数学适应并吸收。另外，纯粹为了数学性质的目的而被创建的数学分支会迅速地被不知哪门科学作为合适的词汇吸收。尤其在近代物理学中，这一点非常显著。赫尔曼·外尔对此称赞道："纵观进入本世纪（20 世纪）以来数学与物理学的进步方式，甚至会让人怀疑其中是不是存在着前定和谐"。一般来说，这被认为是所有数学家的真实感受。

---

① 当然，是否能说只要是传统的，探求该问题就一定是具有重要意义的，自然需要另当别论。

截至第九章，我们主要讲的是数学本身的发展。本章我们一改方向，讲述一个虽然是从外部性质素材出发，但是后期最终"成长"为堂堂正正的、纯粹的数学分支的例子，即**概率论**。之所以要讲这一分支，是因为这样做于诸多方面大有裨益。

但书规则

简单地说，概率论就是为了处理偶然而形成的理论。

所谓偶然，本来是与必然相反的概念，其特征为在任何方面都没有必然性。可能有人会提出意见，称区区偶然何足挂齿，竟也可以形成理论，岂非无稽之谈？但是，我们能不能像下面这样思考呢？

"明天太阳会从东方升起"这件事所有人都深信不疑。但是，首先我们必须知道，它的真正依据是"因为千百年来，太阳都是从东方升起的，所以应该永远都会从东方升起"这种"信念"。一切我们称为"科学性质的法则"，都一定附加了"只要称该法则为千真万确的，就意味着违反它的概率几乎和明天宇宙会毁灭的概率一样小"的"但书规则"。幸运的是，太阳不从东方升起的"奇迹"至今为止一次都没有发生过。然而话说回来，谁又能保证明天，地球、太阳，甚至这个宇宙一定不会全都消失殆尽呢？这应该可以说是人类隐藏在支撑着科学的信念背后的迷惑，即那些所谓的"必然现象"，大多数情况下其实是确定性非常大的偶然现象（也称随机现象）。

那么，对于确定性更小的偶然现象来说，就没有上面这种**但书规则**了吗？当然，可能的确没有像"明天太阳会从东方升起，但是……"这样的几乎确定的规则，尽管如此，还是会没有其他非常有用的东西。这是完全可以预期的。本来，人类的生存就并不总是仅凭"太阳会从东方升起"这种完全可以看作事实的东西。

如果我们事先知道，明天去往某个地方的电车一定会发生事故，那么没有人会计划乘坐它出门。正因为不知道，我们才会正常地乘坐那辆最终改变命运的电车出门，结果发生了交通事故。然而，人们绝对不是确信事故绝对不会发生才乘坐该电车的。以东京为例，东京人可能都知道，每天因交通事故而身亡的人数不过 3 或 4 人。也就是说，将一天的外出人数看成 1000000，1000000 人中只有 3 或 4 人会因为交通事故身亡。所以，他们想着"明天我应该不会因为交通事故身亡而泰然自若地出门。这件事情发生的概率是 $\dfrac{3}{1000000}$ 或 $\dfrac{4}{1000000}$"。虽然最终的确有人殒命，但是大多数人坚持相信自己是不会中招的，认为自己的判断是没有错的，所以不以为意。

当这种判断失误的概率很高，如果失误了会造成重大影响时，人们就会变得小心翼翼。例如，如果不是病情危急、"死马当活马医"，谁都不会接受术后存活率仅为 50% 的手术。也就是说，虽然但书规则呈非常模糊的形式，但是我们的确在使用但书规则。

实际上，为了提高这种规则的准确性，概率论应运而生。处理偶然的意思，说的正是概率论的"工作"。

概率的概念

假设有一枚制作精良的硬币，将它反复抛向空中，我们研究落到地面的硬币会是正面朝上还是反面朝上。此时如果我们不去查看落在地面上的硬币，我们是不可能知道硬币到底是正面朝上还是反面朝上的。换言之，硬币正面朝上还是反面朝上完全是被偶然支配的。

重复多次这一抛掷硬币的操作时，我们就会发现，正、反面的出现次数并不是毫无规律的，出现正面的次数与出现反面的次数之间的比例存在着显著的规律。表 10.1 显示的是一个反复抛掷了 2000 次硬币的人得到的结果。仔细观察，可以发现大概是每两次会出现一次正面。并且，即使是在此基础上重复这个操作，我们也可以相信，结果基本是如此的。只是，此时重复的次数与出现正面的次数之比绝对不是一直接近 2:1 的。因为正反面的出现次数是受偶然支配的，所以甚至有可能永远出现正面。但是，根据我们健全的判断力，可以确信永远出现正面的情况非常罕见，理想的情况下应该是大概每抛掷两次就会出现一次正面。

表 10.1　抛掷 2000 次硬币结果统计表

抛掷次数	正面出现次数
1～200	114
201～400	97
401～600	108
601～800	105
801～1000	87
1001～1200	80

抛掷次数	正面出现次数
1201～1400	108
1401～1600	100
1601～1800	96
1801～2000	90

同理，反复投掷制作精良的骰子，我们可以相信大概每投掷 6 次会出现 1 次 1 点。反复从洗好的扑克牌中抽出一张牌，出现"红桃"的比例为 $\frac{13}{52}$，换言之，每抽 4 次会出现 1 次。

在这样的情况下，打个比方，如果是硬币，每一次抛掷会有 $\frac{1}{2}$ 的比例出现正面；如果是骰子，每一次投掷会有 $\frac{1}{6}$ 的比例出现 1 点；如果是扑克牌，每一次抽取会有 $\frac{1}{4}$ 的比例出现"红桃"，这样说是不是有些不自然呢？所谓概率论，实际上就是采用这种"每一次……会有……比例出现……"的说法，以此来讨论偶然现象的理论。

一般来说，通过某种方式——无论是先验性的还是经验性的，我们知道了，反复尝试时，某现象以每 m 次中出现 n 次的比例发生，或者应该发生，那么此时我们称该现象发生的"**概率**"为 $\frac{n}{m}$。例如，抛掷硬币时出现正面的概率就是 $\frac{1}{2}$。需要注意，概率 $\frac{n}{m}$ 一般来说满足

$$0 \leqslant \frac{n}{m} \leqslant 1$$

这个关系。

能够如此处理的现象我们习惯上称为"**概率现象**"。"能够如此处理"这种说法含糊不清，基本上可以理解为"同等条件下想重复多少次就重复多少次，可以研究其是否发生"。我们可以将若干个概率现象组合起来，形成很多新的概率现象。

用投掷骰子举个例子。投掷骰子时出现基本的 6 个现象是"出现 1 点""出现 2 点""出现 3 点""出现 4 点""出现 5 点""出现 6 点"，由此出发，可以构成诸如下面这些现象。

（1）出现 1 点或者出现 2 点。

（2）出现偶数点。

（3）既不出现 1 点，也不出现 2 点。

并且，如果承认此时上面列举的 6 个基本现象发生的概率都是 $\frac{1}{6}$，那么现象（1）发生的概率为

$$\frac{1}{6}+\frac{1}{6}=\frac{1}{3}$$

现象（2）发生的概率为

$$\frac{1}{6}+\frac{1}{6}+\frac{1}{6}=\frac{1}{2}$$

确认这些结论易如反掌。例如，我们看现象（2），因为出现 2 点、4 点、6 点分别都是每 6 次中应该出现 1 次，所以可以认为出现偶数点的次数为每 6 次中有 3 次。同理，分析现象（3），因为它本身就是"要么出现 3 点，要么出现 4 点，要么出现 5 点，要么出现 6 点"，所以可以确认它发生的概率为 $\frac{4}{6}=\frac{2}{3}$。

关于我们研究的偶然现象，一般来说大多数情况下像上面那样满足下列条件。

（1）如果 A、B 为概率现象，那么"A 或 B""要么 A，要么 B""不发生 A"也都是概率现象。

（2）"不发生 A"这个概率现象如果写作 A^c，那么
$$(A\text{发生的概率})+(A^c\text{发生的概率})=1$$

（3）如果是 A、B 不同时发生的概率现象，那么
$$(A\text{或}B\text{发生的概率})=(A\text{发生的概率})+(B\text{发生的概率})$$

下面举一个符合上文的考察的例子。

相传，意大利有一个贵族，他发现同时投掷 3 个骰子时，得到的点数的和为 10 的情况比和为 9 的情况多[①]，他将这件事告诉了伽利略（1564—1642）。现在，我们尝试对此问题进行分析。

同时投掷 3 个骰子，第一个骰子的点数有 6 种可能，第二个骰子的点数也有 6 种可能，这之后的第 3 个骰子的点数依旧有 6 种可能，因此所有出现的点数的组合：

$$(a,b,c)$$

---

① 当然，他是实际投掷了很多次，对投掷结果进行统计后发现的。

的种类为

$$6 \times 6 \times 6 = 216 \text{（种）}$$

但是，必须要注意，此时

$$(2,3,5) \text{、} (3,2,5) \text{、} (5,3,2)$$

等组合整体出现的点数是相同的，但是是作为不同的组合分别被计算的。

投掷 3 个骰子的情况下，我们可以认为在这些组合中，实际出现哪个组合都具有同样的概率，即如果持续投掷 3 个骰子的话，我们就可以发现每个组合大概都是以每 216 次出现 1 次的比例出现。因此，我们可以认为，每个组合出现的概率都是

$$\frac{1}{216}$$

"点数之和为 10" 这个现象实际上和点数之和为 10 的组合：

$$(2,3,5) \text{、} (3,2,5) \text{、} (6,2,2) \text{、} (3,6,2) \text{、} \cdots$$

中任意一个发生这个现象是同一回事。所以，根据前面的条件（3），我们可以确认它发生的概率为这些组合各自出现的概率

$$\frac{1}{216}$$

相加得到的结果。

这样的组合的总数可以像下面这样计算：

(2,3,5)、(3,2,5)这种组合	6
(1,4,5)、(4,1,5)这种组合	6
(1,3,6)、(3,1,6)这种组合	6
(2,2,6)、(2,6,2)这种组合	3
(2,4,4)、(4,2,4)这种组合	3
(3,3,4)、(3,4,3)这种组合	3
合计	27

因此，"点数之和为 10" 这个现象发生的概率一定是

$$\frac{27}{216} = \frac{1}{8}$$

同理可得，"点数之和为 9" 这个现象发生的概率为

$$\frac{25}{216}$$

这两个概率之间，的确存在

$$\frac{27}{216} > \frac{25}{216}$$

的关系。因此，不得不承认，这个贵族的发现是正确的。

概率论公理体系的建立

上述方法对于计算各种现象发生的概率起到了很大的作用。然而，大家可以很轻易地发现，这样的方法的基础是 221 页提出的若干个命题。因此，现在对这些命题稍加整理，建立一个新的公理体系，然后发展数学理论的话，必然会带来极大的方便。实际上，后面也会讲到，我们发现，概率论为但书规则的构成打下了非常坚固的基础。

下面讲述概率论的概要，在此之前，先思考如何将概率现象用简单易懂的形式表示。

首先，请注意，比如在投掷骰子的情况下，大多数现象表示为

$$\{1, 2, 3, 4, 5, 6\}$$

这个有限集的子集：

"出现 1 点" $\leftrightarrow \{1\}$

"出现偶数点" $\leftrightarrow \{2,4,6\}$

"不出现 2 点" $\leftrightarrow \{1,3,4,5,6\}$

"要么出现偶数点，要么出现奇数点" $\leftrightarrow \{1,2,3,4,5,6\}$

显然，形成各种现象分别对应的集合的方式就是将对该现象来说符合的面上的点数全部收集起来。这样一来，各个现象的性质便可一览无余，研究时就可以不费吹灰之力。这样会出现一个略微不妥之处。例如，根据本章的介绍，

"出现 1 点所在的面，并且出现 2 点所在的面"

这样的现象也是概率现象，但是显然与之对应的集合是不存在的。没有与之对应的集合的现象，实际上都是像这样"不可能"发生的现象。难道不可以将这种情况考虑成"与之对应的集合存在，但是它的元素个数为 0"吗？

数学中，有时会出现诸如上述情况的不妥之处。然而，根据种种经验，我们可以知道，考虑上述"元素个数为 0 的集合"这件事，有百利而无一害。这样的集合被称为"**空集**"，呈

$$\phi \text{ 或 } \{ \}$$

的形式①。

那么，采用空集的概念时，上文中的不妥之处就会被排除，

"出现 1 点所在的面，并且出现 2 点所在的面"

这个现象可以用空集来表示，即所有的现象都与以所有符合的面上的点数为元素的集合相对应。反过来说，显然

$$\{1, 2, 3, 4, 5, 6\}$$

的任意子集也都表示某个现象。

当表示 A、B 这两个现象的集合分别为 M、N 时，表示"A 或者 B"这个现象的集合究竟是什么样的呢？话说回来，表示某个现象的集合，应该是由所有符合的面的个数形成的，对现象"A 或者 B"来说，符合的面的个数显然要么是对 A 来说符合的面的个数，要么是对 B 来说符合的面的个数。因此，表示"A 或者 B"的集合，最终必须得是所有 M、N 的元素形成的。

同理，现象"A 且 B"对应的是由 M 与 N 共同拥有的元素构成的集合，并且，现象"A^c"对应的是由不属于 M 的所有面的个数构成的集合。

一般来说，对于两个集合 X、Y，"X、Y 中所有的元素构成的集合""X、Y 共同拥有的元素构成的集合""以所有不属于 X 的元素为元素的集合"分别被称为"**X、Y 的并集**""**X、Y 的交集**""**X 的补集**"，习惯用

$$X \bigcup Y、X \bigcap Y、CX$$

来表示。

如果使用上述新的词汇，则上述内容可以像下面这样换一种说法表示。

如果 M、N 是表示现象 A、B 的集合，那么现象

"A 或 B""A 且 B""非 A"

可以分别表示为

$$M \bigcup N、M \bigcap N、CM$$

仔细思考以上内容，我们可以发现，即使不关注现象，而仅仅关注表示现象的集合，只要是有关现象的内容、形成新的现象，在操作时我们就不会感到任何不方便之处。并且，不得不说，比起使用各种各样复杂的词汇，使用集合反而更加简单易懂。因此，即使是将表示现象的集合本身称为现象，也不会产生任何问题。

允许这样处理的，不仅限于投掷骰子的情况。实际上，大多数情况下是可以这样处理的，例如在抛掷硬币的情况下，用 0 表示正面，1 表示反面，则可

① 对于这样的东西绞尽脑汁、异想天开并非上策，只要简单地将其看作类似于"没住人的房子"的东西即可。

以像

"出现正面"	$\leftrightarrow \{0\}$
"出现反面"	$\leftrightarrow \{1\}$
"出现正面或者反面"	$\leftrightarrow \{0,1\}$
"出现正面并且出现反面"	$\leftrightarrow \phi$

这样表示。

因此，接下来我们站在这种"现象即集合"的立场上，尝试建立概率论的公理体系。站在这种立场上，概率现象最终就是指一个有限集的子集。所谓"概率"，就是附随于这个子集的数值。以这样的观点来整理本章出现的命题，则下面的公理体系手到擒来。

对一个有限集 F 的各个子集[①]M 来说，分别附随一个实数

$$p(M)$$

当满足以下条件时，就称 F 关于这个 $p(M)$ 的确定方式形成了"**（有限）概率空间**"[②]。此时，满足 $M \subseteq F$ 的 M 全都被称为**概率现象**，$p(M)$ 被称为 M 发生的**概率**。

（1）对于满足 $M \subseteq F$ 的任意一个 M，

$$0 \leqslant p(M) \leqslant 1$$

（2）如果 $M \bigcap N = \phi$，那么，

$$p(M) + p(N) = p(M \bigcup N)$$

（3）$p(F) = 1$。

投掷骰子的情况为 $F = \{1,2,3,4,5,6\}$，并且对于满足

$$M \subseteq F$$

的任意一个 M，相当于

$$p(M) = \frac{1}{6} \times \{M \text{中元素的个数}\}$$

另外，抛掷硬币的情况为 $F = \{0,1\}$，并且对于满足 $M \subseteq F$ 的任意一个 M，相当于

$$p(M) = \frac{1}{2} \times \{M \text{中元素的个数}\}$$

毫无疑问，这些都是上文中的公理体系的实例。

请大家注意，在设置了概率空间的情况下，投掷骰子或者抛掷硬币的操作，分别相当于指定

$$F = \{1,2,3,4,5,6\}$$

---

① 一般空集可以认为是所有集合的子集。
② 不必过度拘泥于"空间"这个词语。它与"集合"基本上是同义词。

或

$$F = \{0,1\}$$

中的任意一个元素。

重复的表现

从上文中的公理体系的观点出发，投掷两次骰子这个操作应该怎样表示呢？

本来，如果仅关注结果，那么上述操作最终就表示从

$$(1,1),(1,2),(1,3),(1,4),(1,5),(1,6),$$
$$(2,1),(2,2),(2,3),(2,4),(2,5),(2,6),$$
$$(3,1),(3,2),(3,3),(3,4),(3,5),(3,6),$$
$$(4,1),(4,2),(4,3),(4,4),(4,5),(4,6),$$
$$(5,1),(5,2),(5,3),(5,4),(5,5),(5,6),$$
$$(6,1),(6,2),(6,3),(6,4),(6,5),(6,6)$$

这些组合中指定任意一个。显然，例如(3,5)就表示第一次出现 3 点所在的面，第二次出现 5 点所在的面。

现在，我们思考此类组合出现的概率。

首先，如果投掷一次骰子，出现 3 点所在的面的比例应该是 6 次中有 1 次。然后，如果在各自的情况下投掷第二次骰子，出现 5 点所在的面的比例应该是 6 次中有 1 次。因此，如果重复投掷两次骰子，最终一定是 $36(6 \times 6)$ 次中有 1 次的比例出现(3,5)这个组合。因此，可以确认(3,5)这个组合出现的概率就是 $\dfrac{1}{6^2}$。其他组合出现的情况也完全相同。换言之，(i,j) 这个组合出现的概率为 $p(\{i\})p(\{j\}) = \dfrac{1}{6^2}$。

现在，令上面 36 个组合形成的有限集为 $F^{(2)}$[①]。然后，在它的基础上，下以下定义：

（1） $p(\{1,1\}) = p(\{1\})p(\{1\}) = \dfrac{1}{6^2}$，$p(\{1,2\}) = p(\{1\})p(\{2\}) = \dfrac{1}{6^2}$，$\cdots$，

$p(\{6,6\}) = p(\{6\})p(\{6\}) = \dfrac{1}{6^2}$。

（2） 对于满足 $M \subseteq F^{(2)}$ 的 M，

---

① F 右上角的(2)对应的是投掷骰子两次。

$$p(M) = \frac{1}{6^2} \times \{M中元素的个数\}$$

此处形成一个概率空间。显然，投掷两次骰子相当于指定这个概率空间的元素。诸如此类处理并扩大到一般情况，定义如下内容。概率空间

$$F = \{a_1, a_2, \cdots, a_n\}$$

中，形成

$$(a_1, a_1), (a_1, a_2), \cdots, (a_n, a_n)$$

这样的 n^2 个组合，称所有这些组合构成的集合为 $F^{(2)}$，并且规定：

（1）$p(\{(a_i, a_j)\}) = p(\{a_i\})p(\{a_j\})$（$i, j = 1, 2, 3, \cdots, n$）；

（2）对于满足 $M \subseteq F^{(2)}$ 的 M，如果它的元素为 $b_1, b_2, \cdots, b_m$，那么

$$p(M) = p(\{b_1\}) + p(\{b_2\}) + \cdots + p(\{b_m\})$$

在这里我们就建立了一个新的概率空间，我们称其为原本的概率空间 F 的"**二次试行空间**"。

通过上述例子显然可以知道，二次试行空间表示的就是两次指定概率空间 F 的元素。上述研究可以轻易延伸到 3 次指定概率空间 F 的元素、4 次指定概率空间 F 的元素、5 次指定概率空间 F 的元素……例如概率空间

$$F = \{a_1, a_2, \cdots, a_n\}$$

的所有 3 个元素的组合 (a_i, a_j, a_k) 构成的集合为 $F^{(3)}$，在此基础上使用以下方法确定的概率空间被称为 F 的"**三次试行空间**"：

（1）$p(\{(a_i, a_j, a_k)\}) = p(\{a_i\})p(\{a_j\})p(\{a_k\})$（$i, j, k = 1, 2, 3, \cdots, n$）；

（2）对于满足 $M \subseteq F^{(3)}$ 的 M，如果它的元素为 $c_1, c_2, \cdots, c_r$，那么

$$p(M) = p(\{c_1\}) + p(\{c_2\}) + \cdots + p(\{c_r\})$$

对一般的自然数 m 来说，"**m 次试行空间**" $F^{(m)}$ 的形成方法也完全是一样的。

在这里，请大家注意此类空间形成时的一个显著的性质。

首先，可以想象，投掷两次骰子的时候，最初出现偶数点的一面，然后出现奇数点的一面的概率为

$$\frac{1}{2} \times \frac{1}{2} = \frac{1}{4}$$

这并非没有依据，实际上我们可以通过以下操作非常轻易给出证明。

令 F 中"出现偶数点的一面"这个现象为 A_1，"出现奇数点的一面"这个现象为 A_2：

$$A_1 = \{2, 4, 6\}, A_2 = \{1, 3, 5\}$$

另外，令 $F^{(2)}$ 的元素 (a_i, a_j) 中，满足 a_i 为偶数（即 A_1 的元素），并且 a_j 为

奇数（即 A_2 的元素）这个条件的所有元素构成的现象为 M：
$$M = \{(2,1),(2,3),\cdots,(6,5)\}$$

那么，立刻可以得到
$$
\begin{aligned}
p(M) &= p(\{(2,1)\}) + p(\{(2,3)\}) + \cdots + p(\{(6,5)\})\\
&= p(\{2\})p(\{1\}) + p(\{2\})p(\{3\}) + \cdots + p(\{6\})p(\{5\})\\
&= p(\{2\})[p(\{1\}) + p(\{3\}) + p(\{5\})] +\\
&\quad\ p(\{4\})[p(\{1\}) + p(\{3\}) + p(\{5\})] +\\
&\quad\ p(\{6\})[p(\{1\}) + p(\{3\}) + p(\{5\})]\\
&= p(\{2\})\frac{3}{6} + p(\{4\})\frac{3}{6} + p(\{6\})\frac{3}{6}\\
&= [p(\{2\}) + p(\{4\}) + p(\{6\})]\frac{1}{2}\\
&= \frac{1}{2} \times \frac{1}{2} = \frac{1}{4}
\end{aligned}
$$

这无疑就表示，上文中我们的想象是正确的。

实际上，上述内容不限于投掷骰子的情况，也不限于二次试行空间，对于所有的概率空间的 m 次试行空间 $F^{(m)}$ 全都成立。现在从一个概率空间 F 中，取 m 个任意的概率现象
$$A_1, A_2, \cdots, A_m$$

令它们发生的概率分别为
$$p_1, p_2, \cdots, p_m$$

此时，$F^{(m)}$ 的元素 $(a,b,\cdots,c)$ 中，由所有 a 是 A_1 的元素，b 是 A_2 的元素，$\cdots$，c 是 A_m 的元素构成的概率现象为 E，那么一定可以证明
$$p(E) = p_1 p_2 \cdots p_m = p(A_1)p(A_2)\cdots p(A_m)$$

因为它的证明与上文中的证明相似，所以此处省略证明过程。

特别是，在上文中的概率现象的数列
$$A_1, A_2, \cdots, A_m$$
中，令与特定的现象 A 相等的现象有 r 个，并且剩下的都等于 CA，即假设
$$A_1 = A_2 = \cdots = A_r = A$$
$$A_{r+1} = A_{r+2} = \cdots = A_m = CA$$
那么，假设 A 发生的概率为 P，CA 发生的概率为 $1-p$，所以显然
$$
\begin{aligned}
p(E) &= p(A_1)p(A_2)\cdots p(A_m)\\
&= p(A)\cdots p(A)p(CA)\cdots p(CA)\\
&= p^r(1-p)^{m-r}
\end{aligned}
$$

即使与 A 相等的现象的数量和与 CA 相等的现象的数量不一定满足上述内容，但情况也完全一样。

那么，现在令 m 次试行空间 $F^{(m)}$ 的元素 $(a,b,\cdots,c)$ 的构成分子 $a,b,\cdots,c$ 中属于 A 的东西，正好是由总共 r 个东西构成的现象 G。显然，这相当于所有类似上面讲的现象 E 形成的东西。然后，选择 $(a,b,\cdots,c)$ 中第几个与第几个构成分子属于 A，根据这 r 个序号的选择方式，可以形成一个 E。将"从 m 个序号 $1,2,\cdots,m$ 中选择 r 个序号的选择方法的总数"写作 $\begin{pmatrix} m \\ r \end{pmatrix}$，$G$ 是这样的个数的 E 的并集，因此我们可以知道

$$p(G) = p(E) + p(E') + p(E'') + \cdots$$
$$= \begin{pmatrix} m \\ r \end{pmatrix} p^r (1-p)^{m-r}$$

例如，投掷 m 次骰子的时候，其中 r 次出现点数 1 这一面的概率，即在现象
$$A = \{1\}, \, CA = \{2,3,4,5,6\}$$
上援用上面的研究，等于

$$\begin{pmatrix} m \\ r \end{pmatrix} \left(\frac{1}{6} \right)^r \left(\frac{5}{6} \right)^{m-r}$$

一般来说，从 m 个东西

$$b_1, b_2, \cdots, b_m$$

中选择 r 个东西的选择方式的总数 $\begin{pmatrix} m \\ r \end{pmatrix}$ 为

$$\frac{m(m-1)(m-2)\cdots(m-r+1)}{r(r-1)(r-2)\cdots 3 \times 2 \times 1}$$

这里给出证明如下。

首先，从 $b_1, b_2, \cdots, b_m$ 中选择一个的方式有 m 种。令最终选择的那个元素为 a_1。此时，对于第二个元素，因为可以选择除了 a_1 以外的任意一个 b，所以可以认为总共有 $(m-1)$ 种的方式。令最终选择的那个元素为 a_2。那么最终，选择 a_1、a_2 的方式总共有 $m(m-1)$ 种。同理，显然可以看出，选择 $a_1, a_2, \cdots, a_r$ 的方式总共有 $m(m-1)(m-2)\cdots(m-r+1)$ 种。

如此一来，像

$$a_1, a_2, \cdots, a_r$$
$$a_2, a_1, \cdots, a_r$$

这样，只是顺序不同，结果原本相同的选择方式却在选择不同的元素时被使用

了两次。也就是说，每存在一个选择方式，

$$a_1, a_2, \cdots, a_r$$

这些 a 能够用多少个方法变换排列，就有与之相同的个数被计入上述总数之中。这样最终可以确认总共有 $r(r-1)(r-2)\cdots 3\times 2\times 1$ 种。因此，用上面的数

$$m(m-1)(m-2)\cdots(m-r+1)$$

除以它可以得到结果：

$$\binom{m}{r} = \frac{m(m-1)(m-2)\cdots(m-r+1)}{r(r-1)(r-2)\cdots 3\times 2\times 1}$$

风险率与推测统计学

上文讲述的是将概率现象及其发生概率的观念整理成的数学上形式明确的内容。正如大家看到的那样，其内容寥寥无几。虽说其内容寥寥无几，但是实际上它拥有广泛的应用领域。本章的目的是探求所谓的**但书规则**的构成方法。下面，我们尝试将上文得到的结果应用在本章的目的中。

但书规则的依据是"将极其罕见的事情作为完全不会发生的事情而行动"这个我们的生活实践原则。

东京每天死于交通事故的人的比例为每 1000000 人中 3 或 4 人。这意味着，一个人外出遇到交通事故的概率是 $\dfrac{3}{1000000}$ 或 $\dfrac{4}{1000000}$。

换言之，对一个人来说，大概要外出 1000000 次才会遇到 3 或 4 次交通事故，也就是要外出 200000 次以上，才可能会遇到一次交通事故。然而，即使把人的寿命算作 100 年，平均每天外出次数为 2，这个人一生中外出的总次数也不会达到 100000 次。那么不得不说，即使这个人相信自己不会遇到交通事故，也并无大碍。

另外，假设有一个人投掷了很多次骰子。此时，如果出现 1 点那一面的情况明显比出现其他点那一面的情况多很多，比如每投掷 100 次，1 点那一面出现超过 50 次，那么这个人一定会对这个骰子的质量产生怀疑。对于这一点，我们能够给出依据如下。

投掷 100 次骰子相当于指定骰子的概率空间

$$F = \{1, 2, 3, 4, 5, 6\}$$

的 "100 次试行空间" $F^{(100)}$ 的一个元素。于是，在它的元素

$$(a_1, a_2, \cdots, a_{100})$$

的构成分子 $a_1, a_2, \cdots, a_{100}$ 中，到 50 次为止是 1 点那一面的所有情况构成的现象发生的概率，根据上文的内容我们可以知道是

$$\binom{100}{50}\left(\frac{1}{6}\right)^{50}\left(\frac{5}{6}\right)^{50}$$

同理可得，前 51 次为 1 点那一面的现象发生的概率为

$$\binom{100}{51}\left(\frac{1}{6}\right)^{51}\left(\frac{5}{6}\right)^{49}$$

前 52 次为 1 点那一面、前 53 次为 1 点那一面等现象发生的概率也同样可以求出。因此，1 点那一面出现超过 50 次的概率等于这些概率的和：

$$\binom{100}{50}\left(\frac{1}{6}\right)^{50}\left(\frac{5}{6}\right)^{50}+\binom{100}{51}\left(\frac{1}{6}\right)^{51}\left(\frac{5}{6}\right)^{49}+\cdots+$$

$$\binom{100}{99}\left(\frac{1}{6}\right)^{99}\left(\frac{5}{6}\right)^{1}+\binom{100}{100}\left(\frac{1}{6}\right)^{100}$$

通过计算，我们可以知道结果大概等于 $\dfrac{1}{1000000000}$。因此，投掷一个质量合格的骰子 100 次，1 点那一面出现 50 次以上，这样的现象极度罕见，相当于将像这样投掷 100 次的操作重复 1000000000 次，才能看见 1 次的程度。那么，如果出现了这样的情况，判断"这个骰子质量有问题"是完全无妨的。当然，尽管骰子的质量是没有问题的，实际上也有可能会发生 1000000000 次中出现 1 次这种极度罕见的情况。

在上文中存在着对但书规则有用的依据。于是，我们称讨论**但书规则**确立方法的分支学科为"**数理统计**"。下文中将对数理统计中最基本的部分进行简单说明。

数理统计中最基本的概念是"**风险率**"。本来，但书规则中的"但书"表示的是该规则的出错率。那么，接下来我们获得一个但书规则，此时，问题自然就是我们究竟可以接受多大的出错率。实际上，我们称这个比率为风险率。

风险率当然是越低越好，然而要降低风险率，通常会面临各种困难，比如计算上的困难或者经济上的困难。因此，大多数情况下，我们会综合考虑各种情况，然后适当地确定一个我们可以接受的风险率。当这个数值在某个概率以下时，我们认为现象是"不会发生的"。这个数值就是通过实践给出的标准。下面我们举例说明。

假设现在在某一个工厂中，产生了这样一个问题：是否需要购买一个新的

机器？假设之前的机器会产生 $\frac{1}{3}$ 的次品，那么自然就必须考虑这个新的机器是否比旧的机器拥有更好的性能。

一般认为，即使这个新机器的性能不比之前的机器差，也有可能与之前的机器性能相同。因此，首先在这里建立一个假说，"这个新的机器和之前的机器的性能是一样的"。那么，使用这个新的机器制造产品时，还是会产生 $\frac{1}{3}$ 的次品。

现在，尝试制作 50 个样品来看这个假说是否成立。

如果对于"制作样品"，用 0 表示次品，用 1 表示合格品，就是指定

$$F = \{0,1\}$$

$$p(\{0\}) = \frac{1}{3}, \quad p(\{1\}) = \frac{2}{3}$$

这个概率空间的一个元素。因此，尝试制作 50 个样品就相当于指定"50 次试行空间"$F^{(50)}$ 中的一个元素。

现在，在这个 $F^{(50)}$ 中，将所有的元素 $(a_1, a_2, \cdots, a_{50})$ 依据它的构成分子中有多少个 0 进行分类（见表 10.2），然后尝试计算其出现的概率。

表 10.2　在 $F^{(50)}$ 中 0 的个数与其出现的概率

0 的个数	概率
0	$\left(\dfrac{2}{3}\right)^{50} = 0.0000\cdots$
1	$\dbinom{50}{1}\left(\dfrac{1}{3}\right)\left(\dfrac{2}{3}\right)^{49} = 0.0000\cdots$
2	$\dbinom{50}{2}\left(\dfrac{1}{3}\right)^{2}\left(\dfrac{2}{3}\right)^{48} = 0.0000\cdots$
3	$\dbinom{50}{3}\left(\dfrac{1}{3}\right)^{3}\left(\dfrac{2}{3}\right)^{47} = 0.0000\cdots$
4	$\dbinom{50}{4}\left(\dfrac{1}{3}\right)^{4}\left(\dfrac{2}{3}\right)^{46} = 0.0000\cdots$
5	$\dbinom{50}{5}\left(\dfrac{1}{3}\right)^{5}\left(\dfrac{2}{3}\right)^{45} = 0.0001\cdots$
6	$\dbinom{50}{6}\left(\dfrac{1}{3}\right)^{6}\left(\dfrac{2}{3}\right)^{44} = 0.0004\cdots$

0 的个数	概率
7	$\dbinom{50}{7}\left(\dfrac{1}{3}\right)^{7}\left(\dfrac{2}{3}\right)^{43}=0.0012\cdots$
8	$\dbinom{50}{8}\left(\dfrac{1}{3}\right)^{8}\left(\dfrac{2}{3}\right)^{42}=0.0033\cdots$
...	...
17	$\dbinom{50}{17}\left(\dfrac{1}{3}\right)^{17}\left(\dfrac{2}{3}\right)^{33}=0.1178\cdots$
...	...
30	$\dbinom{50}{30}\left(\dfrac{1}{3}\right)^{30}\left(\dfrac{2}{3}\right)^{20}=0.0001\cdots$
31	$\dbinom{50}{31}\left(\dfrac{1}{3}\right)^{31}\left(\dfrac{2}{3}\right)^{19}=0.0000\cdots$
...	...

根据表 10.2 中的数据，我们还可以确认以下内容（表 10.3）

表 10.3　在 $F^{(50)}$ 中 0 的个数与其出现的概率（归纳后）

0 的个数	概率
0 以下	0.0000…
1 以下	0.0000…
2 以下	0.0000…
3 以下	0.0000…
4 以下	0.0000…
5 以下	0.0001…
6 以下	0.0005…
7 以下	0.0017…
8 以下	0.0050…
...	...

以上内容意味着，在我们的假说之下，尝试制作 50 个样品，其中只出现 6 个以下次品的概率为 0.0005…。

此处，我们设定一个风险率作为今后行动的规范。现在，假设将其设为0.003。根据风险率的意思，今后发生概率在它之下的现象就被视为"绝对不会发生的事情"。那么，在我们的假说之下，50 个样品中出现 7 个以下次品的现象发生的概率为 0.0017…，因为它比 0.003 小，所以可以说这样的现象理论上是绝对不会发生的。

因此，在这里试制作 50 个样品，如果出现 8 个以上的次品，就可以说在我们的假说之下不会发生的现象在现实中发生了，所以就不得不否定这个假说。然而，这个推论背后隐藏着 0.003 这个风险率，所以最终在这里我们可以得到

"这个新机器比之前的机器性能优秀。但是，它有风险率为 0.003"这个但书法则。

然而，如果出现了 8 个以上次品，仅从上面的思考方式出发则得不到任何结论。数理统计中大概就是像这样研究但书规则的建立方法。

$$\binom{n}{r} p^r (1-p)^{n-r}$$

这个值的计算在处理各种各样的问题时都是非常有必要的。但是，它的计算大多数情况下复杂到难以进行，所以人们想方设法用近似计算法或者图表等取而代之。

一般认为，概率论始于帕斯卡和费马这两位数学家。然而，这并不是说在他们之前完全不存在类似的讨论，只是说他们对此研究具有划时代意义。

在 17、18 世纪中，"支配偶然"的概率论乘着合理主义和启蒙思想兴起的浪潮，得到了迅速发展，其中，之前讲过的拉普拉斯的贡献是非常卓越的。然而，随着形式主义的出现，概率论变得面目一新。成功建立概率论的公理体系的是柯尔莫哥洛夫（1903—1987）。上文中我们讲述的内容，其实就是将他的成果简易化后得到的。

另外，使用概率论发展起来的数理统计始于费希尔（1890—1962）。在他之前这方面的研究是非常不充分的。例如，只是取了若干个样本进行研究，就将结论直接视为具有普遍性的真理。就好比投掷了 10 次骰子，如果总是出现 1点所在的面，就推测永远都只会出现 1 点所在的面。费希尔认为真理位于概率空间里面，样本就只是样本而已，我们只能通过样本努力"推测和计算"概率空间的状态。

数理统计这个分支学科目前还非常年轻，在数学上未完成的部分仍有很多。但是，它的应用范围的广阔程度是不可估量的。

后记　自然数论的无矛盾性证明

　　我们称数学理论的无矛盾性证明中使用的方法为"有限主义立场"。正文中也讲过,这是希尔伯特发明的专业术语。

　　实际上,从诸多方面来看,数学好像已经发展到必须重新审视有限主义立场的阶段了。笔者写作本书的目的,在于站在自认为的有限主义立场上,尝试使用别的方法证明自然数论的无矛盾性。

　　接下来,笔者先阐述自认为的有限主义立场。

笔者认为的有限主义立场

　　笔者的想法如下。作为证明数学理论无矛盾性的方法,有限主义立场应该满足以下条件。

　　(1) 可以使用像是眼前能见到的明确的形象,如果可以作图则更佳。

　　(2) 可以使用明确的类推(类似于"以下同理")。

　　(3) 可以使用日常会话中使用的一般逻辑。(不像布劳威尔那样禁止排中律,否则,日常会话估计就没法进行了。)

自然数

　　想象一条水平放置的直线(图1),将其命名为l,称该直线上的各个点为**实数**。然后,随机选择l上的两个实数,将左边的实数命名为1,将右边的实数命名为 1′。

接着，以线段 11′为尺度，在 1′ 的右侧，用该尺度测量距离，取该尺度终端处的实数，称其为 1″。再在它的右侧，同样用该尺度测量距离，取该尺度终端处的实数，命名为 1‴。再在它的右侧，用该尺度测量距离，取该尺度终端处的实数，命名为 1⁗。以下同理。

我们称这样得到的实数数列

$$1, 1', 1'', 1''', 1'''', \cdots$$

的元素为**自然数**。

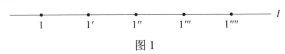

图 1

佩亚诺公理体系

自然数论通常以被称为**佩亚诺公理体系**的体系为出发点进行构造，本书第九章中介绍了修改后的该公理体系。

此处，我们介绍一下未经修改的该公理体系。

（1）1 是自然数。

（2）无论哪个自然数 a 都一定存在位于其后的下一个数 a'。

（3）1 不是任何一个自然数的下一个数。

（4）不同的自然数的下一个数也不同：若 $a \neq b$，则 $a' \neq b'$。

（5）如果 1 具有某种性质，自然数 a 具有该性质，则 a' 也具有该性质——此时，所有自然数都具有该性质。

我们称（5）为关于 a 的**数学归纳法**。

自然数论的无矛盾性

前面我们已经说明了何谓自然数，介绍了发展自然数论的出发点，即佩亚诺公理体系。接下来，我们确认一下，自然数是否符合这个公理体系。

（1）显然是符合的。因为 1 是自然数数列中的第一个自然数。

（2）各自然数 a 右侧紧跟的自然数被写作 a'，但是如果决定称之为"a 的下一个数"，那么（3）也是符合的，这一点不言自明。

（3）1 的左边没有自然数（不考虑特殊的自然数 0）。因此，1 不是任何自然数的下一个数。

（4）某个数 a 是另一个数 b 的下一个数，这意味着另一个数 b 位于 a 紧跟着的左侧。然而，因为 a 紧跟着的左侧只有 b，所以 a 当然不可能是两个不同的数的下一个数。也就是说，两个不同的自然数的下一个数不可能相同。

（5）令 P 为自然数的某个性质。然后假设如果 1 具有该性质，自然数 a 具有该性质 P，下一个数 a' 也具有该性质。于是，因为 1 具有性质 P，它的下一个数，即 1'也必须具有性质 P。那么，再下一个数 1''也具有性质 P。于是乎，再下一个数 1'''也具有性质 P。以下也同理，我们可以知道所有的自然数都具有性质 P。如此一来，我们就可以确认数学归纳法是正确的。

以上，我们确认了佩亚诺公理体系中的公理（1）～（5）都是正确的。

希望大家注意，这意味着自然数论是没有矛盾的。因为数学的逻辑是从正确的事情出发，只会产生正确的结果，所以不可能产生矛盾（也就是不正确的事情）。再者，在佩亚诺公理体系中加入加法、乘法、大小关系等概念时自然数论也依旧是没有矛盾的，通过上面的方法可以非常简单地给出证明，此处省略证明过程。

以上为后记，不知诸位感想如何。

赤 摄也

2013 年 1 月

补充：数学的无矛盾性对哲学家来说也是一个大问题。然而，现代数学在公理化集合论中发展。如果站在笔者认为的有限主义立场上，公理化集合论的无矛盾性是完全可以得到证明的，虽然有些麻烦。希望数学家可以抛开证明论，尝试站在笔者认为的有限主义立场上进行思考。

对人类来说，数学是一门非常稳定的学科。若是读者有意愿，不妨利用互联网等工具尝试挑战数学的稳定性。

赤 摄也

2017 年 8 月